食品合规管理

主编　张冬梅　樊镇棣　杨　震

北京理工大学出版社
BEIJING INSTITUTE OF TECHNOLOGY PRESS

内 容 简 介

本书以食品合规管理岗位及岗位能力需求为依据，按照项目化教学体系编写，包括食品合规管理基础、食品生产经营资质合规管理、食品生产经营过程合规管理、食品产品合规管理和产品及体系认证合规管理，内容涵盖我国食品法律法规、食品标准、食品安全监管机构职能、食品安全监管制度；食品生产经营许可、特殊食品注册备案等资质的办理要求及合规实践；食品生产经营过程合规管理、食品追溯与召回；食品配方、产品指标、食品标签等产品合规管理；三品一标及 GMP、HACCP 等相关体系的认证。每个项目配有食品企业相关思政案例及实践训练，并将教学重点等微课资源以二维码形式呈现，方便学生自主学习，提高实践技能。

本书可供高等职业教育食品质量与安全、食品检验检测技术、食品智能加工技术等食品类专业作为教材使用，也可作为食品合规管理培训机构和食品企业的培训教材。

图书在版编目（ＣＩＰ）数据

食品合规管理 / 张冬梅,樊镇棣,杨震主编 . -- 北京:北京理工大学出版社,2024.2
　　ISBN 978 - 7 - 5763 - 3799 - 0

Ⅰ . ①食… Ⅱ . ①张…②樊…③杨… Ⅲ . ①食品安全 - 监管制度 - 中国 - 教材 Ⅳ . ①TS201.6

中国国家版本馆 CIP 数据核字(2024)第 075495 号

责任编辑:白煜军　　文案编辑:白煜军
责任校对:周瑞红　　责任印制:施胜娟

出版发行 / 北京理工大学出版社有限责任公司
社　　址 / 北京市丰台区四合庄路 6 号
邮　　编 / 100070
电　　话 / (010) 68914026 (教材售后服务热线)
　　　　　 (010) 68944437 (课件资源服务热线)
网　　址 / http://www.bitpress.com.cn

版 印 次 / 2024 年 2 月第 1 版第 1 次印刷
印　　刷 / 涿州市新华印刷有限公司
开　　本 / 787 mm×1092 mm　1/16
印　　张 / 12
字　　数 / 278 千字
定　　价 / 76.00 元

本书编写委员会

主　编

张冬梅（山东商务职业学院）

樊镇棣（山东商务职业学院）

杨　震（山东商务职业学院）

副 主 编

程　毛（烟台工程职业技术学院）

张锐昌（山东商业职业技术学院）

姚瑞祺（杨凌职业技术学院）

韩　双（黑龙江职业学院）

编写人员

申立玉（烟台帝斯曼安德利果股有限公司）

邻　鹏（威海市食品药品检验检测研究院）

肖　芳（锡林郭勒职业学院）

王　珺（河南轻工职业学院）

杨　爽（山东药品食品职业学院）

袁秋梅（南通科技职业学院）

前　言

"食品合规管理"课程是高等职业教育食品质量与安全、食品检验检测技术、食品智能加工技术等专业的必修课程。通过本课程的学习，可使学生全面系统地掌握食品合规管理的知识体系，能够对食品生产经营企业的资质、食品生产经营企业的过程、食品生产经营企业的产品等进行合规管理。

党的二十大召开以来，教材编写团队深入学习党的二十大报告，将党的二十大精神融入教材。落实立德树人的根本任务，坚守为党育人为国育才使命。根据课程特点，深入挖掘思政元素，使学生确立食品安全观念，树立合规管理意识；养成诚实守信、忠于职守的职业道德；形成认真严谨、依法依规办事的工作作风；培养高度的社会责任感和专业使命感；具有可持续职业发展能力。

本书以食品合规管理岗位能力需求为依据，按照项目化教学体系编写，内容涵盖食品合规管理基础，包括我国食品法律法规、食品标准、食品安全监管机构职能、食品安全监管制度等；食品生产经营资质合规管理，包括食品生产经营许可、特殊食品注册备案等资质的办理要求及合规实践；食品生产经营过程合规管理，包括食品生产经营过程合规管理、食品追溯与召回；食品产品合规管理，包括食品配方、产品指标等产品合规管理，以及食品标签标示等合规管理；产品及体系认证合规管理，包括三品一标的认证及 GMP、HACCP 等相关体系。

全书以学生为中心优化内容结构、创新编写形式，精心设计课前、课中和课后教学内容。每个项目按照学习目标（包含知识目标、能力目标、素养目标）、预习导图、基础知识、思政案例、实践训练、项目测试和知识拓展的顺序编写，在基础知识中灵活设计了多个引导问题，实践训练配有实训工单，引导问题和实训工单可写可评，学习成果动态生成。每个项目配有与食品企业相关思政案例，使思政元素和教学内容融为一体，并将教学重点等微课资源以二维码形式呈现，方便学生自主学习，提高实践技能。

本书由张冬梅设计内容结构，张冬梅、杨震编写了项目一食品合规管理基础，杨爽、韩双、邻鹏编写了项目二食品生产经营资质合规管理，樊镇棣、张锐昌、肖芳编写了项目三食品生产经营过程合规管理，张冬梅、申立玉、袁秋梅编写了项目四食品产品合规管理，姚瑞祺、程毛、王珺编写了项目五产品及体系认证合规管理。

本书编写过程中得到了多位专家的指导，并参考了部分相关书籍及资料，在此对这些作者和专家一并表示感谢。本书如有错漏之处，敬请读者不吝指出，以便再版时修改。

目 录

项目一　食品合规管理基础

◎ 知识目标

1. 熟悉食品合规与合规管理的概念，掌握食品合规管理的主要内容。
2. 熟悉我国食品安全法律法规的分类，掌握我国主要食品相关法律法规的重点内容。
3. 熟悉我国食品标准分类体系，掌握常用食品安全国家标准的主要内容。
4. 掌握我国食品监管机构的主要职能，以及我国主要的食品监管制度。

◎ 能力目标

1. 能够识别我国食品生产经营活动的监管机构。
2. 能够根据食品合规管理的主要内容，解决现实中遇到的有关问题。

◎ 素养目标

1. 具有诚信、严谨、认真、公正、负责的职业素养。
2. 具有严谨的合规管理意识，具有法律意识和安全意识。
3. 具有高度的社会责任感和专业使命感。

◎ 预习导图

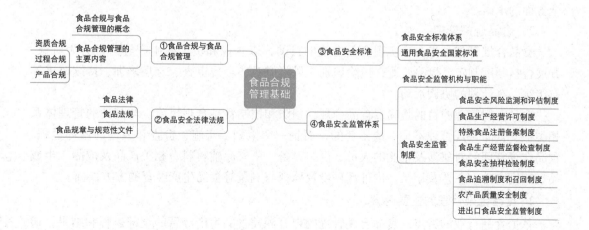

一、食品合规与食品合规管理

> **引导问题**
>
> 食品合规管理的主要内容有哪些?
>
> _____
>
> _____

1. 食品合规与食品合规管理的概念

1) 食品合规

依据《合规管理体系 要求及使用指南》（GB/T 35770—2022），合规是指组织履行其全部的合规义务，而组织的合规义务来自其合规要求和合规承诺。合规要求是指组织有义务遵守的要求，合规要求是明示的、通常隐含的或有义务履行的需求或者期望。合规承诺则是指组织选择遵守的要求。就食品企业合规而言，组织即食品生产经营企业，合规要求主要来源于立法机构及食品安全监管部门制定发布的法律、法规及食品安全标准等强制性规定，包括食品企业资质合规要求、过程合规要求和产品合规要求；合规承诺则是指食品企业通过选择执行要求更高的推荐性标准或企业标准、团体标准，以及食品标签标示、广告宣传对其产品品质及安全作出的承诺。

综上所述，食品合规是指食品生产经营企业的生产经营行为及结果需要满足食品相关法律法规、规章、标准、行业准则和企业章程、规章制度，以及国际条约、规则等规定的全部要求和承诺。食品合规需要具备三个要素，即合规主体——食品生产经营企业；合规义务——各类规定的全部要求；合规承诺——食品生产经营企业对其产品和服务的质量安全方面的承诺。

2) 食品合规管理

食品合规管理是指为了实现食品合规的目的，以企业和员工的生产经营行为为对象，开展包括制度制定、风险监测、风险识别、风险应对、合规审查、合规培训、持续改进等有组织、有计划的协调活动。

食品合规管理的目的是确保食品合规，预防和控制食品合规风险。与其他的管理体系相类似，食品合规管理不是一成不变的，而是一个策划、实施、检查和改进的循环过程。食品合规管理的对象涉及企业的人员、设施设备、所有原辅材料、相关产品及成品、半成品、制度文件、工艺及记录、内外部环境及监视与测量等食品生产经营的方方面面。

2. 食品合规管理的主要内容

依据食品行业的特点，食品合规管理的内容涵盖食品生产经营的全部过程和结果，通常包括资质合规、过程合规和产品合规。

1）资质合规

食品生产企业的资质合规包括获得营业执照、相应食品类别的生产许可证、特殊食品注册或备案资质等方面，主要包括：①应取得营业执照，并明确其食品的经营范围；②如果是实施食品生产许可管理的食品，应按食品生产许可管理办法，取得相应食品类别的食品生产许可证；③如果有特殊食品，应依法取得相应的注册证书或备案证明，并依法对广告进行备案；④对于相应食品、标签和说明书使用的商标等有知识产权的信息，应依法取得注册证书或获得授权；⑤对于需要特殊许可的食品类别应有相应的资质，如矿泉水的采矿许可等；⑥取得法律法规和客户要求的与食品生产相关的其他资质。

食品经营企业的资质合规包括取得营业执照及相应食品类别的经营许可证等，主要包括：①应取得营业执照，并明确其食品的经营范围；②应取得相应的食品经营许可证或预包装食品销售备案证明；③经营食盐的，应取得食盐的专营资质；④法律法规和客户要求的与食品经营相关的其他资质。

2）过程合规

食品原辅材料的采购过程合规包括：①所有供应商的资质要求应合规有效；②必要时，可以对所有供应商资质及食品安全管理体系的有效性进行验证；③所有原辅材料的食品安全验收标准、指标要求或合同中的技术指标应合规；④无非法采购或禁止使用的物料；⑤每批原辅材料应有供应商的合格证明并进行进货查验，首批或定期的型式检验应合规；⑥每批食品相关产品（包括食品接触材料、洗涤剂、消毒剂等）应有供应商出具的合格证明并进行进货查验；⑦设施设备应具备供应商提供的合格证明并验收。

运输（包括原辅材料和成品）过程合规包括：①运输工具的资质应合规并符合必要的冷链运输条件；②运输过程的食品安全防护应合规；③运输过程卫生条件应合规并实施了相应的检查或验证。

贮存（包括原辅材料、半成品及成品）过程合规包括：①贮存环境应符合相应食品的要求；必要时，识别制冷和通风条件应合理；②贮存过程防护应合规并能有效地防止交叉污染等；③贮存过程的卫生应合规。

生产经营过程合规包括：①所有食品生产或餐饮制作过程应有规范的工艺流程及工艺参数，并有效地实施；②所有食品设计的配方应合规，以及标准配方应得到有效的执行；③所有的工艺流程或步骤应进行必要的物理性、化学性及生物性危害的控制与预防，预防交叉污染的措施应合理；④生产或餐饮制作过程中的质量检验、工序交接互检应合理；⑤生产或餐饮制作过程卫生控制应合理有效；⑥涉及食品安全的设备应得到有效控制；⑦不存在非法添加、超范围超量添加等食品欺诈的非法行为；⑧生产或餐饮制作过程中的区域设置应合理；⑨生产或餐饮制作过程人员卫生管理应合理；⑩生产或餐饮制作过程中的环境卫生、温度应合理；⑪生产或餐饮制作过程中的记录应准确、及时、有效。

检验（包括原辅材料、半成品和成品）过程合规包括：①检验人员的知识和能力应符合相应的标准要求；②检验标准应有效；③检验过程应合理并符合相应的标准要求；④检验记录应及时、准确、真实有效，不存在提供虚假检验记录或报告的嫌疑。

销售过程合规包括：①销售记录应完善，并可满足追溯和召回管理的需要；②经营活动应有合法的资质条件；③销售过程中无夸大、虚假宣传等不真实、不诚信的行为。

3）产品合规

企业需要依据法律法规、食品安全国家标准和产品执行标准等要求，对产品指标及配料进行合规管理，确保食品产品合规，主要包括：①食品成品使用的所有原辅材料应合规；②原辅材料使用范围、添加比例应合规；③成品的安全指标、质量指标及明示的指标应合规；④食品标签应合规；⑤食品的销售广告及销售网页的宣传应合规；⑥成品的其他技术要求及参数应符合法律法规标准及企业承诺等要求。

二、食品安全法律法规

我国的食品安全法律法规体系，依据其效力及制定部门可分为四个层次：法律、法规（包括行政法规和地方性法规）、规章（包括部门规章和地方政府规章）和规范性文件。法律的效力高于行政法规、地方性法规、规章。行政法规的效力高于地方性法规、规章。地方性法规的效力高于地方政府规章。部门规章之间、部门规章与地方政府规章之间具有同等效力，在各自的权限范围内施行。各个层次的法律法规的发布单位、制定流程、内容范围各有不同。各个层次和类型的食品法律法规既相互区别又相互补充，共同构成了完整的食品法律法规体系。

> **引导问题**
> 《中华人民共和国食品安全法》中指出食品生产企业应当就哪些事项制定并实施控制要求？
> _____
> _____

（一）食品法律

全国人民代表大会和全国人民代表大会常务委员会行使国家立法权。食品法律由全国人民代表大会和全国人民代表大会常务委员会制定和修改，由国家主席签署主席令予以公布。我国食品相关法律主要有《中华人民共和国食品安全法》《中华人民共和国产品质量法》《中华人民共和国农产品质量安全法》等。

1.《中华人民共和国食品安全法》

《中华人民共和国食品安全法》是为了保证食品安全，保障公众身体健康和生命安全制定的法律。

《中华人民共和国食品安全法》共分为十章，分别为总则、食品安全风险监测和评估、食品安全标准、食品生产经营、食品检验、食品进出口、食品安全事故处置、监督管理、法律责任和附则。在中华人民共和国境内从事下列活动，应当遵守该法：食品生产和加工，食品销售和餐饮服务；食品添加剂的生产经营；用于食品的包装材料、容器、洗涤剂、消毒剂和用于食品生产经营的工具、设备的生产经营；食品生产经营者使用食品添加剂、食品相关产品；食品的贮

《中华人民共和国食品安全法》解读

存和运输；对食品、食品添加剂、食品相关产品的安全管理。

该法主要加强了八个方面的制度构建：一是完善统一权威的食品安全监管机构；二是建立最严格的全过程的监管制度，对食品生产、流通、餐饮服务和食用农产品销售等各个环节，食品生产经营过程中涉及的食品添加剂、食品相关产品的监管，网络食品交易等新兴的业态，以及生产经营过程中的一些过程控制的管理制度，进行了细化和完善，进一步强调食品生产经营者的主体责任和监管部门的监管责任；三是进一步完善食品安全风险监测和风险评估制度，增设责任约谈、风险分级管理等重点制度，重在防患于未然，消除隐患；四是实行食品安全社会共治，充分发挥包括媒体、广大消费者等各个方面在食品安全治理中的作用；五是突出对特殊食品的严格监管，特殊食品包括保健食品、特殊医学用途配方食品、婴幼儿配方食品；六是强调对农药的使用实行严格的监管，加快淘汰剧毒、高毒、高残留农药，推动替代产品的研发应用，鼓励使用高效低毒低残留的农药；七是加强对食用农产品的管理，对批发市场的抽查检验、食用农产品建立进货查验记录制度等进行了完善；八是建立最严格的法律责任制度，进一步加大违法者的违法成本，加大对食品安全违法行为的惩处力度。

2. 《中华人民共和国产品质量法》

《中华人民共和国产品质量法》是为了加强对产品质量的监督管理，提高产品质量水平，明确产品质量责任，保护消费者的合法权益，维护社会经济秩序而制定的法律。

该法共分为六章，分别为：总则；产品质量的监督；生产者、销售者的产品质量责任和义务；损害赔偿；罚则和附则。该法明确企业是产品质量管理的主体，生产者、销售者应当建立健全内部产品质量管理制度，严格实施岗位质量规范、质量责任以及相应的考核办法，依法承担产品质量责任。生产者应当对其生产的产品质量负责。该法规定产品质量应当符合下列要求：（一）不存在危及人身、财产安全的不合理的危险，有保障人体健康和人身、财产安全的国家标准、行业标准的，应当符合该标准；（二）具备产品应当具备的使用性能，但是，对产品存在使用性能的瑕疵作出说明的除外；（三）符合在产品或者其包装上注明采用的产品标准，符合以产品说明、实物样品等方式表明的质量状况。销售者应当采取措施，保持销售产品的质量。该法明确禁止伪造或者冒用认证标志等质量标志；禁止伪造产品的产地，伪造或者冒用他人的厂名、厂址；禁止在生产、销售的产品中掺杂、掺假，以假充真，以次充好。国家对产品质量实行以抽查为主要方式的监督检查制度，对可能危及人体健康和人身、财产安全的产品，影响国计民生的重要工业产品及消费者、有关组织反映有质量问题的产品进行抽查。

3. 《中华人民共和国农产品质量安全法》

《中华人民共和国农产品质量安全法》是为了保障农产品质量安全，维护公众健康，促进农业和农村经济发展制定的法律。

该法共分为八章，涵盖了农产品从产地到市场的全过程。第一章总则，主要对立法目的、调整范围、管理体制、科研与推广、宣传引导等内容进行了规定。第二章农产品质量安全风险管理和标准制定，对农产品质量安全风险监测制度、农产品质量安全风险评估制度、农产品质量安全标准体系的建立、标准制定、修订及组织实施等内容进行了规定。第三章农产品产地，对农产品产地安全管理、基地建设、产地要求及保护等内容进行了规定。第四章农产品生产，对农产品的生产技术规范、农产品生产记录进行规定。第五章农产品销售，主要对农产品的检测、禁止销售的情形、包装标志、无公害农产品和优质农产品质量标志等进行了规定。第六章监督管理，对市场准入、质量安全监测、社会监督、事故责任报告、责任追究等进行了规定。第七章法律责任，对各类违法行为应当如何处理与处罚进行了详细规定。第八章附则，对生猪屠宰管理和本法实施日期进行了规定。

《中华人民共和国进出口商品检验法》解读

4.《中华人民共和国进出口商品检验法》

《中华人民共和国进出口商品检验法》是为了加强进出口商品检验工作，规范进出口商品检验行为，维护社会公共利益和进出口贸易有关各方的合法权益，促进对外经济贸易关系的顺利发展制定的法律。

该法包括总则、进口商品的检验、出口商品的检验、监督管理、法律责任及附则六章内容。该法规定商检机构和依法设立的检验机构，依法对进出口商品实施检验。列入目录的进出口商品，按照国家技术规范的强制性要求进行检验；尚未制定国家技术规范的强制性要求的，应当依法及时制定，未制定之前，可以参照国家商检部门指定的国外有关标准进行检验。进口商品未经检验的，不准销售、使用；出口商品未经检验合格的，不准出口。进出口商品检验中的合格评定程序包括：抽样、检验和检查；评估、验证和合格保证；注册、认可和批准及各项的组合。

5.《中华人民共和国进出境动植物检疫法》

《中华人民共和国进出境动植物检疫法》是为了防止动物传染病、寄生虫病和植物危险性病、虫、杂草，以及其他有害生物传入、传出国境，保护农、林、牧、渔业生产和人体健康，促进对外经济贸易的发展制定的法律。

该法共分为八章，分别为总则；进境检疫；出境检疫；过境检疫；携带、邮寄物检疫；运输工具检疫；法律责任和附则。法律对进出境的动植物、动植物产品和其他检疫物，装载动植物、动植物产品和其他检疫物的装载容器、包装物，以及来自动植物疫区的运输工具等方面的检疫作出了详细的规定。

引导问题

《中华人民共和国食品安全法实施条例》从哪四个方面进一步强调了食品生产经营者的主体责任？

_____

_____

（二）食品法规

食品法规包括行政法规和地方性法规。国务院根据宪法及相关法律，制定行政法规。行政法规由总理签署国务院令公布。行政法规的形式有条例、办法、实施细则、决定等。省、自治区、直辖市的人民代表大会及其常务委员会根据本行政区域的具体情况和实际需要，在不与宪法、法律、行政法规相抵触的前提下，可以制定地方性法规。省、自治区、直辖市的人民代表大会制定的地方性法规由大会主席团发布公告予以公布。省、自治区、直辖市的人民代表大会常务委员会制定的地方性法规由常务委员会发布公告予以公布。

《中华人民共和国食品安全法实施条例》解读

1.《中华人民共和国食品安全法实施条例》

《中华人民共和国食品安全法实施条例》作为行政法规，是对《中华人民共和国食品安全法》条款的细化，为解决我国食品安全问题奠定了良法善治的基石。该条例共分为十章，分别为总则、食品安全风险监测和评估、食品安全标准、食品生产经营、食品检验、食品进出口、食品安全事故处置、监督管理、法律责任和附则。

该条例从五个方面进一步明确职责、强化食品安全监管：一是要求县级以上人民政府建立统一权威的食品安全监管体制，加强监管能力建设。二是强调部门依法履职、加强协调配合，规定有关部门在食品安全风险监测和评估、事故处置、监督管理等方面的会商、协作、配合义务。三是丰富监管手段，规定食品安全监管部门在日常属地管理的基础上，可以采取上级部门随机监督检查、组织异地检查等监督检查方式；对可能掺杂掺假的食品，按照现有食品安全标准等无法检验的，国务院食品安全监管部门可以制定补充检验项目和检验方法。四是完善举报奖励制度，明确奖励资金纳入各级人民政府预算，并加大对违法单位内部举报人的奖励。五是建立黑名单，实施联合惩戒，将食品安全信用状况与准入、融资、信贷、征信等相衔接。

该条例从四个方面对食品安全风险监测、标准制定作了完善性规定：一是强化食品安全风险监测结果的运用，规定风险监测结果表明存在食品安全隐患，监管部门经调查确认有必要的，要及时通知食品生产经营者，由其进行自查、依法实施食品召回。二是规范食品安全地方标准的制定，明确对保健食品等特殊食品不得制定地方标准。三是允许食品生产经营者在食品安全标准规定的实施日期之前实施该标准，以方便企业安排生产经营活动。四是明确企业标准的备案范围，规定食品安全指标严于食品安全国家标准或者地方标准的企业标准应当备案。

该条例从四个方面进一步强调了食品生产经营者的主体责任。一是细化企业主要负责人的责任，规定主要负责人对本企业的食品安全工作全面负责，加强供货者管理、进货查验和出厂检验、生产经营过程控制等工作。二是规范食品的贮存、运输，规定贮存、运输有温度、湿度等特殊要求的食品，应当具备相应的设备设施并保持有效运行，同时规范了委托贮存、运输食品的行为。三是针对实践中存在的虚假宣传和违法发布信息误导消费者等问题，明确禁止利用包括会议、讲座、健康咨询在内的任何方式对食品进行虚假宣传；规定不得发布未经资质认定的检验机构出具的食品检验信息，不得利用上述信息对食品等进行等级评定。四是完善特殊食品管理制度，对特殊食品的出厂检验、销售渠道、广告管理、产品命名等事项作出规范。

2.《中华人民共和国进出口商品检验法实施条例》

《中华人民共和国进出口商品检验法实施条例》是对《中华人民共和国进出口商品检验法》条款的细化。该条例共分为六章，分别为总则、进口商品的检验、出口商品的检验、监督管理、法律责任和附则。该条例规定海关总署主管全国进出口商品检验工作，对列入目录的进出口商品，以及法律、行政法规规定须经出入境检验检疫机构检验的其他进出口商品实施检验，对法定检验以外的进出口商品，根据国家规定实施抽查检验，进一步明确了检验检疫机构的职能任务。加强进出口商品检验管理，强化了对进出口商品的收货人、发货人、代理报检企业等的管理规定；加强对检验检疫机构和工作人员的监督，同时加大了对违法行为的处罚力度，对各违法行为作出了详细具体的处罚规定。

3.《中华人民共和国进出境动植物检疫法实施条例》

《中华人民共和国进出境动植物检疫法实施条例》是对《中华人民共和国进出境动植物检疫法》条款的细化。该条例共分为十章，分别为总则；检疫审批；进境检疫；出境检疫；过境检疫；携带、邮寄物检疫；运输工具检疫；检疫监督；法律责任和附则。该条例明确了进出境动植物检疫范围；明确了国务院农业行政主管部门和国家动植物检疫机关管理进出境动植物检疫工作的职能；完善了检疫审批的规定；明确了进出境动植物检疫与口岸其他查验、运递部门和国内检疫部门协作、配合的关系；强化了检疫监督制度；对保税区的进出境动植物及其产品的检疫作出了明确规定，要求动植物检疫机关认真履行职责，确保将国外危险性病虫害拒于国境之外；明确规定了动植物检疫机关在采样时必须出具凭单和按规定处理样品，对加强检疫队伍的业务建设和廉政建设提出了进一步的要求。

> **引导问题**
>
> 查找《食品安全抽样检验管理办法》，请回答哪些食品是食品安全抽检工作的重点？
>
> _____
>
> _____

（三）食品规章与规范性文件

1. 食品规章

食品规章包括部门规章和地方政府规章。国务院各部、委员会、具有行政管理职能的直属机构等，可以根据法律和国务院的行政法规、决定、命令，在本部门的权限范围内，制定部门规章。省、自治区、直辖市和设区的市、自治州的人民政府，可以根据法律、行政法规和本省、自治区、直辖市的地方性法规，制定地方政府规章。地方政府规章由省长、自治区主席、市长或者自治州州长签署命令予以公布。

1)《食品生产许可管理办法》

为规范食品、食品添加剂生产许可活动，加强食品生产监督管理，国家市场监督管理总局 2019 年审议通过了《食品生产许可管理办法》，自 2020 年 3 月 1 日起施行。

该办法明确规定，在中华人民共和国境内，从事食品生产活动，应当依法取得食品生产许可。食品生产许可实行一企一证原则，即同一个食品生产者从事食品生产活动，应当取得一个食品生产许可证。市场监督管理部门按照食品的风险程度，结合食品原料、生产工艺等因素，对食品生产实施分类许可。国家市场监督管理总局负责监督指导全国食品生产许可管理工作。食品生产许可的申请、受理、审查、决定及其监督检查，适用该办法。

2）《食品经营许可和备案管理办法》

为规范食品经营许可和备案活动，加强食品经营监督管理，落实食品安全主体责任，保障食品安全，国家市场监督管理总局发布了《食品经营许可和备案管理办法》，自2023年12月1日起施行。

该办法明确规定，在中华人民共和国境内，从事食品销售和餐饮服务活动，应当依法取得食品经营许可。食品经营许可实行一地一证原则，即食品经营者在一个经营场所从事食品经营活动，应当取得一个食品经营许可证。市场监督管理部门按照食品经营主体业态和经营项目的风险程度对食品经营实施分类许可。申请食品经营许可，应当先行取得营业执照等合法主体资格。企业法人、合伙企业、个人独资企业、个体工商户等，以营业执照载明的主体作为申请人。申请食品经营许可，应当按照食品经营主体业态和经营项目分类提出。食品经营许可的申请、受理、审查、决定及其监督检查，适用该办法。

3）《食品召回管理办法》

为加强食品生产经营管理，减少和避免不安全食品的危害，保障公众身体健康和生命安全，原国家食品药品监督管理总局发布了《食品召回管理办法》，自2015年9月1日实施，根据2020年10月23日国家市场监督管理总局令第31号修订。在中华人民共和国境内，不安全食品的停止生产经营、召回和处置及其监督管理，适用该办法。

4）《食品安全抽样检验管理办法》

为规范食品安全抽样检验工作，加强食品安全监督管理，保障公众身体健康和生命安全，国家市场监督管理总局发布了《食品安全抽样检验管理办法》，自2019年10月1日起施行。

该办法规定了国家实施食品安全日常监督抽检及风险监测应遵循的原则、对企业的要求、监管的规范。国家市场监督管理总局负责组织开展全国性食品安全抽样检验工作，监督指导地方市场监督管理部门组织实施食品安全抽样检验工作。县级以上地方市场监督管理部门负责组织开展本级食品安全抽样检验工作，并按照规定实施上级市场监督管理部门组织的食品安全抽样检验工作。

2. 食品规范性文件

食品规范性文件的形式灵活多样，主要包括决定、规定、公告、通告、通知、办法、实施细则、意见、复函批复、指南等。规范性文件规定的内容广泛，涉及了食品生产经营监管的方方面面。

规范性文件的数量众多，各食品监管部门均发布了较多的食品相关规范性文件。如原国家食品药品监督管理总局发布的规范性文件有《总局办公厅关于进一步加强食品添加剂生产监管工作的通知》《总局关于印发食品生产许可审查通则的通知》《总局关于印发食品生产经营风险分级管理办法（试行）的通知》等。国家市场监督管理总局发布的规范性文件有《市场监管总局关于仅销售预包装食品备案有关事项的公告》《关于进一步加强婴幼儿谷类辅助食品监管的规定》《特殊食品注册现场核查工作规程（暂行）》等。国家卫生健康委员会发布的规范性文件有《按照传统既是食品又是中药材的物质目录管理规定》《食品安全风险评估管理规定》《食品安全风险监测管理规定》等。海关总署发布的规范性文件有《出口食品生产企业申请境外注册管理办法》等。国家认证认可监督管理委员会发布的规范性文件有《食品安全管理体系认证实施规则》等。

三、食品安全标准

引导问题

《中华人民共和国食品安全法》中提出对哪些内容要制定食品安全国家标准？

（一）食品安全标准体系

食品安全标准体系包括食品安全国家标准（如图 1 – 1 所示）、食品安全地方标准。其中，食品安全国家标准是我国食品安全标准体系的主体，我国食品安全国家标准包括通用标准、产品标准、生产经营规范标准及检验方法与规程标准，食品安全地方标准的分类与食品安全国家标准相似。

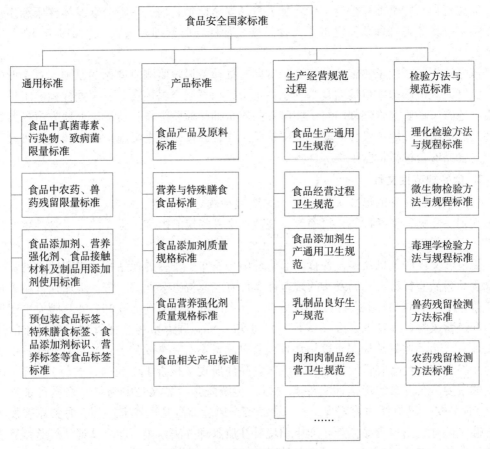

图 1 –1　食品安全国家标准

1. 通用标准

通用标准也称基础标准，在食品安全国家标准体系中，食品安全通用标准涉及各个食品类别，覆盖各类食品安全健康危害物质，对具有一般性和普遍性的食品安全危害和控制措施进行了规定。因涉及的食品类别多、范围广，标准的通用性强，通用标准构成了标准体系的网底。通用标准是从健康影响因素出发，按照健康影响因素的类别，制定出各种食品、食品相关产品的限量要求或者使用要求或者标示要求。

2. 产品标准

产品标准是从食品、食品添加剂、食品相关产品出发，按照产品的类别，制定出各种健康影响因素的限量要求或者使用要求或者标示要求，规定了各大类食品的定义、感官、理化和微生物等要求。

3. 食品生产经营规范标准

食品生产经营规范标准规定了食品生产经营过程控制和风险防控要求，具体包括了对食品原料、生产过程、运输和贮存、卫生管理等生产经营过程安全的要求。

4. 检验方法与规程标准

检验方法与规程标准规定了理化检验、微生物学检验和毒理学检验规程的内容，其中理化检验方法和微生物学检验方法主要与通用标准、产品标准的各项指标相配套，服务于食品安全监管和食品生产经营者的管理需要。检验方法与规程标准一般包括各项限量指标检验所使用的方法及其基本原理、仪器和设备以及相应的规格要求、操作步骤、结果判定和报告内容等方面。

引导问题

查找《食品安全国家标准 食品中农药最大残留限量》（GB 2763—2021），回答下列问题。

①百草枯在橘子、苹果和香蕉中的最大残留限量是多少？

_____

②敌敌畏在菠菜、茄子和马铃薯中的最大残留限量是多少？

_____

（二）通用食品安全国家标准

1.《食品安全国家标准 食品中真菌毒素限量》（GB 2761—2017）和《食品安全国家标准 食品中污染物限量》（GB 2762—2022）

真菌毒素是指真菌在生长繁殖过程中产生的次生有毒代谢产物。《食品安全国家标准 食品中真菌毒素限量》（GB 2761—2017）规定了食品中黄曲霉毒素 B_1、黄曲霉毒素 M_1、脱氧雪腐镰刀菌烯醇、展青霉素、赭曲霉毒素 A 及玉米赤霉烯酮的限量指标。标准规定了应用原则及真菌毒素的限量指标要求及检测方法，附录为食品类别（名称）的说明。

污染物是指食品在从生产（包括农作物种植、动物饲养和兽医用药）、加工、包装、贮存、运输、销售，直至食用等过程中产生的或由环境污染带入的、非有意加入的化学性危害物质。《食品安全国家标准 食品中污染物限量》（GB 2762—2022）所规定的污染物是指除农药残留、兽药残留、生物毒素和放射性物质以外的污染物。该标准规定了食品中铅、镉、汞、砷、锡、镍、铬、亚硝酸盐、硝酸盐、苯并[a]芘、N-二甲基亚硝胺、多氯联苯、3-氯-1，2-丙二醇的限量指标。标准规定了应用原则及污染物的限量指标要求及检测方法，附录为食品类别（名称）的说明。

2.《食品安全国家标准 预包装食品中致病菌限量》（GB 29921—2021）和《食品安全国家标准 散装即食食品中致病菌限量》（GB 31607—2021）

食品中致病菌污染是导致食源性疾病的重要原因，预防和控制食品中致病菌污染是食品安全风险管理的重点内容。根据我国行业发展现况，考虑致病菌或其代谢产物对健康造成实际或潜在危害的可能、食品原料中致病菌污染风险、加工过程对致病菌的影响及贮藏、销售和食用过程中致病菌的变化等因素，《食品安全国家标准 预包装食品中致病菌限量》（GB 29921—2021）和《食品安全国家标准 散装即食食品中致病菌限量》（GB 31607—2021）两项通用标准构成了我国食品中致病菌的限量标准。

《食品安全国家标准 预包装食品中致病菌限量》（GB 29921—2021）适用于乳制品、肉制品、水产制品、即食蛋制品、粮食制品、即食豆制品、巧克力类及可可制品、即食果蔬制品、饮料、冷冻饮品、即食调味品、坚果籽类食品、特殊膳食用食品等类别的预包装食品，不适用于执行商业无菌要求的食品、包装饮用水、饮用天然矿泉水。标准规定了沙门氏菌、金黄色葡萄球菌、致泻大肠埃希菌、副溶血性弧菌、单核细胞增生李斯特菌和克罗诺杆菌属6种致病菌指标在对应食品类别中的限量标准。附录为食品类别（名称）说明。

《食品安全国家标准 散装即食食品中致病菌限量》（GB 31607—2021）适用于散装即食食品，不适用于餐饮服务中的食品、执行商业无菌要求的食品、未经加工或处理的初级农产品。标准规定了沙门氏菌、金黄色葡萄球菌、蜡样芽孢杆菌、单核细胞增生李斯特菌、副溶血性弧菌的限量。

3.《食品安全国家标准 食品中农药最大残留限量》（GB 2763—2021）和《食品安全国家标准 食品中兽药最大残留限量》（GB 31650—2019）

《食品安全国家标准 食品中农药最大残留限量》（GB 2763—2021）标准规定了2,4-滴丁酸（2,4-DT）等农药在对应食品类别中的最大残留限量，标准的技术要求主要包括农药名称、主要用途、每日允许摄入量（ADI）、残留物和最大残留限量、检测方法。附录为食品类别及测定部位说明及豁免制定食品中最大残留限量标准的农药。

兽药残留是指对食品动物用药后，动物产品的任何可食用部分中所有与药物有关的物质的残留，包括药物原型或/和其代谢产物。《食品安全国家标准 食品中兽药最大残留限量》（GB 31650—2019）为通用标准，适用于与最大残留限量相关的动物性食品。标准规定了动物性食品中阿苯达唑等兽药的最大残留限量；规定了醋酸等允许用于食品动物，但不需要制定残留限量的兽药；规定了氯丙嗪等允许作治疗用，但不得在动物性食品中检出的兽药。标准的技术要求主要包括兽药名称、兽药分类、每日允许摄入量（ADI）、残留标志物、最大残留限量等。

4.《食品安全国家标准 食品添加剂使用标准》（GB 2760—2024）和《食品安全国家标准 食品营养强化剂使用标准》（GB 14880—2012）

食品添加剂是指为改善食品品质和色、香、味，以及为防腐、保鲜和加工工艺的需要而加入食品中的人工合成或者天然物质。食品用香料、胶基糖果中基础剂物质、食品工业用加工助剂也包括在内。《食品安全国家标准 食品添加剂使用标准》（GB 2760—2024）规定了食品添加剂的使用原则、允许使用的食品添加剂品种、使用范围及最大用量，包括正文和附录两个部分：正文主要规定了食品添加剂的含义、使用原则、食品分类系统、食品添加剂的使用规定等；附录规定了食品添加剂、食品用香料、食品工业用加工助剂的使用规定，食品添加剂功能类别和食品分类系统等内容。

食品营养强化剂是指为了增加食品的营养成分（价值）而加入食品中的天然或人工合成的营养素和其他营养成分。《食品安全国家标准 食品营养强化剂使用标准》（GB 14880—2012）包括了营养强化的主要目的、使用营养强化剂的要求、可强化食品类别的选择要求、营养强化剂的使用规定、食品类别（名称）说明和营养强化剂质量标准八个部分。四个附录从四个不同方面进行了规定：营养强化剂在食品中的使用范围、使用量应符合附录 A 的要求；允许使用的化合物来源应符合附录 B 的规定；特殊膳食用食品中营养素及其他营养成分的含量按相应的食品安全国家标准执行，允许使用的营养强化剂及化合物来源应符合该标准附录 C 和（或）相应产品标准的要求。附录 D 食品类别（名称）说明用于界定营养强化剂的使用范围，只适用于该标准。如允许某一营养强化剂应用于某一食品类别（名称）时，则允许其应用于该类别下的所有类别食品，另有规定的除外。

5.《食品安全国家标准 预包装食品标签通则》（GB 7718—2011）和《食品安全国家标准 预包装食品营养标签通则》（GB 28050—2011）

《食品安全国家标准 预包装食品标签通则》（GB 7718—2011）对预包装食品标签标示的内容作出了详细规定，指导和规范了预包装食品标签标示的内容，适用于直接提供给消费者的预包装食品标签和非直接提供给消费者的预包装食品标签。其主要内容包括预包装食品标签的基本要求、直接向消费者提供的预包装食品标签标示内容、非直接提供给消费者的预包装食品标签标示内容、豁免的标示内容、推荐标示的内容及其他要求。附录为包装物或包装容器最大表面面积计算方法、食品添加剂在配料表中的标示形式、部分标签项目的推荐标示形式。

《食品安全国家标准 预包装食品营养标签通则》（GB 28050—2011）规定了预包装食品营养标签的基本要求、强制标示内容、可选择标示内容、营养成分的表达方式、营养声称用语及其条件等内容，适用于预包装食品营养标签上营养信息的描述和说明，不适用于保健食品及预包装特殊膳食用食品的营养标签标示。附录为食品标签营养素参考值（NRV）及其使用方法、营养标签格式、能量和营养成分含量声称和比较声称的要求/条件和同义语以及能量和营养成分功能声称标准用语。

6.《食品安全国家标准 预包装特殊膳食用食品标签》（GB 13432—2013）和《食品安全国家标准 食品添加剂标识通则》（GB 29924—2013）

《食品安全国家标准 预包装特殊膳食用食品标签》（GB 13432—2013）规定了特殊膳食用食品的强制标示内容、可选择标示内容，适用于预包装特殊膳食用食品的标签（含营养标签）。该标准附录规定了特殊膳食用食品的类别。

《食品安全国家标准　食品添加剂标识通则》（GB 29924—2013）规定了食品添加剂标识基本要求、提供给生产经营者的食品添加剂标识内容及要求、提供给消费者直接使用的食品添加剂标识内容及要求，适用于食品添加剂的标识，食品营养强化剂的标识参照使用，不适用于为食品添加剂在贮藏运输过程中提供保护的贮运包装标签的标识。

四、食品安全监管体系

引导问题

国家市场监督管理总局的职能有哪些？

_____

_____

（一）食品安全监管机构与职能

我国的食品安全监管机构包括立法机构、行政机构和司法机构。其中立法机构是全国人民代表大会及其常务委员会，负责制定国家法律。行政机构是市场监督管理总局、海关总署等食品安全监管部门。司法机构是最高人民法院和最高人民检察院。

1. 国家市场监督管理总局

国家市场监督管理总局内设机构中与食品安全监督管理工作相关的主要司局包括食品安全协调司、食品生产安全监督管理司、食品经营安全监督管理司、特殊食品安全监督管理司、食品安全抽检监测司、网络交易监督管理司、广告监督管理司等。

国家市场监督管理总局负责市场综合监督管理，负责市场主体统一登记注册，负责组织和指导市场监管综合执法工作，负责反垄断统一执法，负责监督管理市场秩序，负责宏观质量管理，负责产品质量安全监督管理，负责食品安全监督管理综合协调，负责食品安全监督管理等。

2. 国家卫生健康委员会

2018 年，国务院机构改革，批准成立国家卫生健康委员会。国家卫生健康委员会其内设机构与食品安全监管相关的主要为食品安全标准与监测评估司。食品安全标准与监测评估司主要职责包括：组织拟订食品安全国家标准，开展食品安全风险监测、评估和交流，承担新食品原料、食品添加剂新品种、食品相关产品新品种的安全性审查工作。

3. 农业农村部

农业农村部主要职责包括：负责种植业、畜牧业、渔业、农垦、农业机械化等农业各产业的监督管理；负责农产品质量安全监督管理；负责有关农业生产资料和农业投入品的监督管理等。农业农村部内设机构中涉及食品监管的机构包括农产品质量安全监管司、种植业管理司（农药管理司）、畜牧兽医局等。

4. 海关总署

2018 年，国务院机构改革，将出入境检验检疫管理职责和队伍划归海关总署。海关总署负责进出口食品安全监督管理，拟订进出口食品安全和检验检疫的工作制度，依法承担进口食品企业备案注册和进口食品的检验检疫、监督管理工作，按分工组织实施风险分析和紧急预防措施工作；依据多双边协议承担出口食品的相关工作。海关总署负责食品进出口管理的主要内设机构包括进出口食品安全局、动植物检疫司、企业管理和稽查司、口岸监管司等。

> **引导问题**
>
> 《食品生产经营监督检查管理办法》中规定食品生产环节监督检查事项应当包括哪些内容？
>
> _____
>
> _____

（二）食品安全监管制度

我国对食品安全的监管有一套完整的制度，从食用农产品到食品生产加工，再到市场销售，每个环节都有其对应的监管制度，主要包括农产品质量安全制度、食品生产经营许可制度、特殊食品注册备案制度、食品安全风险监测和评估制度、食品生产经营监督检查制度、食品安全抽样检验制度、食品追溯制度、食品召回制度、进出口食品安全监管制度等。

1. 食品安全风险监测和评估制度

《中华人民共和国食品安全法》规定，国家建立食品安全风险监测制度，对食源性疾病、食品污染物以及食品中的有害因素进行监测。

国家卫生健康委员会会同国家市场监督管理总局等部门，制定、实施国家食品安全风险监测计划。地方政府根据国家食品安全风险监测计划，结合本行政区域的具体情况，制定、调整本行政区域的食品安全风险监测方案。

食品安全风险监测结果表明可能存在食品安全隐患的，县级以上人民政府卫生行政部门应当及时将相关信息通报同级食品安全监督管理等部门，并报告本级人民政府和上级人民政府卫生行政部门。食品安全监督管理等部门应当组织开展进一步调查。

国家建立食品安全风险评估制度，运用科学方法，根据食品安全风险监测信息、科学数据，以及有关信息，对食品、食品添加剂、食品相关产品中生物性、化学性和物理性危害因素进行风险评估。

国家卫生健康委员会负责组织食品安全风险评估工作，成立由医学、农业、食品、营养、生物、环境等方面的专家组成的食品安全风险评估专家委员会进行食品安全风险评估。食品安全风险评估结果由国家卫生健康委员会公布。

2. 食品生产经营许可制度

《中华人民共和国食品安全法》规定，国家对食品生产经营实行许可制度。在我国境内，从事食品生产、食品销售等，应当依法取得许可，但销售食用农产品，不需要取得许可。仅销售预包装食品的，应当报所在地县级以上地方人民政府食品安全监督管理部门备案。

为规范食品生产经营许可活动，加强食品生产经营监督管理，国家发布实施《食品生产许可管理办法》和《食品经营许可和备案管理办法》，规定了食品生产经营许可的申请、受理、审查、决定及其监督检查等。

另外，国家还制定了《食品生产许可审查通则》《食品经营许可审查通则（试行）》等文件，以配合食品生产经营许可制度的实施。

3. 特殊食品注册备案制度

我国对特殊食品实行注册备案制度，其中对婴幼儿配方乳粉产品配方、特殊医学用途配方食品实行注册制度，对保健食品实行注册或备案制度。

《中华人民共和国食品安全法》规定，婴幼儿配方乳粉的产品配方应当经国务院食品安全监督管理部门注册。注册时，应当提交配方研发报告和其他表明配方科学性、安全性的材料。为严格婴幼儿配方乳粉产品配方注册管理，保证婴幼儿配方乳粉质量安全，原国家食品药品监督管理总局发布了《婴幼儿配方乳粉产品配方注册管理办法》，自2016年10月1日起施行。在中华人民共和国境内生产销售和进口的婴幼儿配方乳粉产品配方注册管理，适用该办法。

为规范特殊医学用途配方食品注册工作，加强注册管理，保证特殊医学用途配方食品的质量安全，原国家食品药品监督管理总局制定颁布了《特殊医学用途配方食品注册管理办法》，在中国境内生产销售和进口的特殊医学用途配方食品的注册管理，适用该办法。特殊医学用途配方食品生产企业应当按照批准注册的产品配方、生产工艺等技术要求组织生产，保证特殊医学用途配方食品安全。

根据《中华人民共和国食品安全法》的要求，我国对保健食品实行注册备案制度。保健食品注册，是指市场监督管理部门根据注册申请人申请，依照法定程序、条件和要求，对申请注册的保健食品的安全性、保健功能和质量可控性等相关申请材料进行系统评价和审评，并决定是否准予其注册的审批过程。保健食品备案，是指保健食品生产企业依照法定程序、条件和要求，将表明产品安全性、保健功能和质量可控性的材料提交市场监督管理部门进行存档、公开、备查的过程。为规范保健食品的注册与备案，2016年原国家食品药品监督管理总局发布《保健食品注册与备案管理办法》，并于2020年完成修订。在我国境内保健食品的注册与备案及其监督管理适用该办法。

食品生产经营监督
检查要点

4. 食品生产经营监督检查制度

为贯彻落实《中华人民共和国食品安全法》有关要求，进一步督促食品生产经营者规范食品生产经营活动，2021年国家市场监督管理总局颁布了《食品生产经营监督检查管理办法》，细化对食品生产经营活动的监督管理、规范监督检查工作要求，将基层监管部门对生产加工、销售、餐饮服务企业的日常监督检查责任落到实处，督促企业把主体责任落到实处。

食品生产环节监督检查事项应当包括食品生产者资质、生产环境条件、进货查验、生产过程控制、产品检验、贮存及交付控制、不合格食品管理和食品召回、标签和说明书、食品安全自查、从业人员管理、信息记录和追溯、食品安全事故处置及食品委托生产等情况。特殊食品生产环节还应当包括注册备案要求执行、生产质量管理体系运行、原辅料管理等情况。保健食品生产环节的监督检查要点还应当包括原料前处理等情况。

食品销售环节监督检查事项应当包括食品销售者资质、一般规定执行、禁止性规定执行、经营场所环境卫生、经营过程控制、进货查验、食品贮存、食品召回、温度控制及记录、过期及其他不符合食品安全标准食品处置、标签和说明书、食品安全自查、从业人员管理、食品安全事故处置、进口食品销售、食用农产品销售、网络食品销售等情况。特殊食品销售环节还应当包括禁止混放要求落实、标签和说明书核对等情况。

餐饮服务环节监督检查事项应当包括餐饮服务提供者资质、从业人员健康管理、原料控制、加工制作过程、食品添加剂使用管理、场所和设备设施清洁维护、餐饮具清洗消毒、食品安全事故处置等情况。

食品安全抽检的检验规范

5. 食品安全抽样检验制度

为提高食品安全监督管理的靶向性，加强食品安全风险预警，我国实行食品安全抽样检验制度。《中华人民共和国食品安全法》规定，县级以上人民政府食品安全监督管理部门应当对食品进行定期或者不定期的抽样检验。依据法定程序和食品安全标准等规定开展抽样检验，保障了公众身体健康和生命安全，加强了食品安全监督管理。

根据《中华人民共和国食品安全法》有关要求，结合食品安全抽样检验工作实际，国家市场监督管理总局发布《食品安全抽样检验管理办法》，市场监督管理部门按照科学、公开、公平、公正的原则，以发现和查处食品安全问题为导向，依法对食品生产经营活动全过程组织开展食品安全抽样检验工作。食品生产经营者应当依法配合市场监督管理部门组织实施的食品安全抽样检验工作。

6. 食品追溯制度和召回制度

食品追溯是采集记录产品生产、流通、消费等环节信息，强化全过程质量安全管理与风险控制的有效手段。《中华人民共和国食品安全法》规定，国家建立食品安全全程追溯制度。食品生产经营者应当依照规定，建立食品安全追溯体系，确保记录真实完整，确保产品来源可查、去向可追、责任可究，保证食品可追溯。国家鼓励食品生产经营者采用信息化手段采集、留存生产经营信息，建立食品安全追溯体系。

国家市场监督管理总局会同农业农村部等有关部门建立食品安全全程追溯协作机制。国家建立统一的食用农产品追溯平台，建立食用农产品和食品安全追溯标准和规范，完善全程追溯协作机制。加强全程追溯的示范推广，逐步实现企业信息化追溯体系与政府部门监管平台、重要产品追溯管理平台对接，接受政府监督，互通互享信息。

《中华人民共和国食品安全法》规定，国家建立食品召回制度。食品生产者发现其生产的食品不符合食品安全标准或者有证据证明可能危害人体健康的，应当立即停止生产，召回已经上市销售的食品，通知相关生产经营者和消费者，并记录召回和通知情况。食品生产者认为应当召回的，应当立即召回。食品经营者发现其经营的食品不符合食品安全标准或者有证据证明可能危害人体健康的，应当立即停止经营，通知相关生产经营者和消费者，并记录停止经营和通知情况。

7. 农产品质量安全制度

根据《中华人民共和国食品安全法》的规定，供食用的源于农业的初级产品的质量安全管理，应遵守《中华人民共和国农产品质量安全法》的规定。食用农产品的市场销售、有关质量安全标准的制定、有关安全信息的公布和《中华人民共和国食品安全法》对农业投入品作出规定的，应当遵守《中华人民共和国食品安全法》的规定。

《中华人民共和国食品安全法》规定，食用农产品生产者应当按照食品安全标准和国家有关规定使用农药、肥料、兽药、饲料和饲料添加剂等农业投入品，严格执行农业投入品使用安全间隔期或者休药期的规定，不得使用国家明令禁止的农业投入品。进入市场销售的食用农产品在包装、保鲜、贮存、运输中使用保鲜剂、防腐剂等食品添加剂和包装材料等食品相关产品，应当符合食品安全国家标准。

《中华人民共和国农产品质量安全法》从农产品质量安全标准、农产品产地、农产品生产、农产品包装和标志等方面，对农产品质量安全的监督管理进行了规定。

8. 进出口食品安全监管制度

2021 年，海关总署发布《中华人民共和国进口食品境外生产企业注册管理规定》《中华人民共和国进出口食品安全管理办法》，在进出口食品监管领域，基本形成以《中华人民共和国进出口食品安全管理办法》为基础、以《中华人民共和国进口食品境外生产企业注册管理规定》为辅助，以相关规范性文件为补充的法规体系，我国进出口食品安全监管制度更加完善。

◎ 思政案例

案例　某购物广场销售已超过标注保质期的食品案

李某在某购物广场购买"呛面馒头"一袋，李某购买后发现该食品为过期食品。李某认为该购物广场的销售行为违反《中华人民共和国食品安全法》第三十四条中关于"禁止生产经营下列食品、食品添加剂、食品相关产品：（十）标注虚假生产日期、保质期或者超过保质期的食品、食品添加剂"的规定，遂提起诉讼，请求判令被告退还货款并给予赔偿金 1 000 元。

◎ 实践训练

市场监督管理局职能职责调研

调研你所在城市的市场监督管理局，明确其职能职责，并填写表 1 - 1。

表 1 - 1　市场监督管理局职能职责调研实训工单

序号	职责职能	具体工作

单选题

1. （　　）环节需要实施食品合规管理。

    A. 食品生产加工　　B. 食品贮藏运输　　C. 食品经营服务　　D. 以上都包括

2. （　　）负责食品安全风险评估工作。

    A. 海关总署　　　　　　　　　　B. 国家市场监管总局

    C. 国家卫健委　　　　　　　　　　D. 农业农村部

3. （　　）负责农产品从种植养殖环节到进入批发、零售市场或者生产加工企业前的质量安全监督管理。

    A. 海关总署　　　　　　　　　　B. 国家市场监管总局

    C. 国家卫生健康委员会　　　　　　D. 农业农村部

4. 食用农产品进入批发、零售市场或者生产加工企业后，由（　　）监督管理。

    A. 海关总署　　　　　　　　　　B. 国家市场监管总局

    C. 国家卫生健康委员会　　　　　　D. 农业农村部

5. 原国务院食品安全委员会的具体工作由（　　）承担。

    A. 海关总署　　　　　　　　　　B. 国家市场监管总局

    C. 国家卫生健康委员会　　　　　　D. 农业农村部

6. 我国负责公布新的食品原料、食品添加剂新品种和食品相关产品新品种目录的部门是（　　）。

    A. 国务院卫生行政部门　　　　　　B. 国务院农业行政部门

    C. 国务院食品安全监督管理部门　　D. 国家出入境检验检疫部门

7. 经过2018年的机构改革，进出口食品安全监管的职能划归（　　）。

    A. 国家市场监督管理总局　　　　　B. 农业农村部

    C. 海关总署　　　　　　　　　　D. 国家卫生健康委员会

8. （　　）负责统一组织实施全国出口食品生产企业备案管理工作。

    A. 海关总署　　　　　　　　　　B. 国家市场监督管理总局

    C. 农业农村部　　　　　　　　　　D. 国家卫生健康委员会

 知识拓展

1.《中华人民共和国食品安全法》

2.《中华人民共和国产品质量法》

3.《中华人民共和国农产品质量安全法》

4.《中华人民共和国进出口商品检验法》

5.《中华人民共和国进出境动植物检疫法》

6.《中华人民共和国食品安全法实施条例》

7.《中华人民共和国进出口商品检验法实施条例》

8.《中华人民共和国进出境动植物检疫法实施条例》

项目二　食品生产经营资质合规管理

预习导图

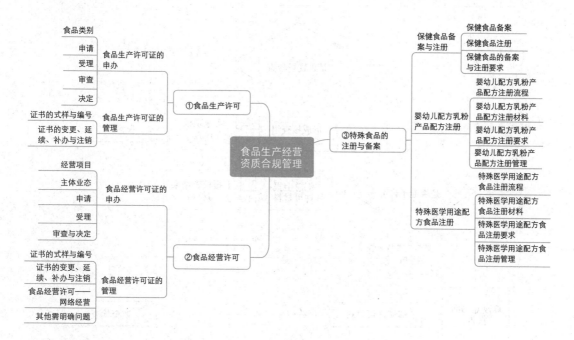

基础知识

一、食品生产许可

食品生产许可实行一企一证原则，即同一个食品生产者从事食品生产活动，应当取得一个食品生产许可证。图 2-1 为食品生产许可审查程序。

> **引导问题**
>
> 申请食品生产许可，需要提交的四张图是什么？
>
> ① ＿＿＿＿＿＿＿＿＿＿＿＿＿＿＿＿＿＿＿＿＿＿＿＿＿＿＿
> ② ＿＿＿＿＿＿＿＿＿＿＿＿＿＿＿＿＿＿＿＿＿＿＿＿＿＿＿
> ③ ＿＿＿＿＿＿＿＿＿＿＿＿＿＿＿＿＿＿＿＿＿＿＿＿＿＿＿
> ④ ＿＿＿＿＿＿＿＿＿＿＿＿＿＿＿＿＿＿＿＿＿＿＿＿＿＿＿

（一）食品生产许可证的申办

1. 食品类别

食品生产环节中申请食品生产许可，应当按照以下食品类别提出：粮食加工品，食用

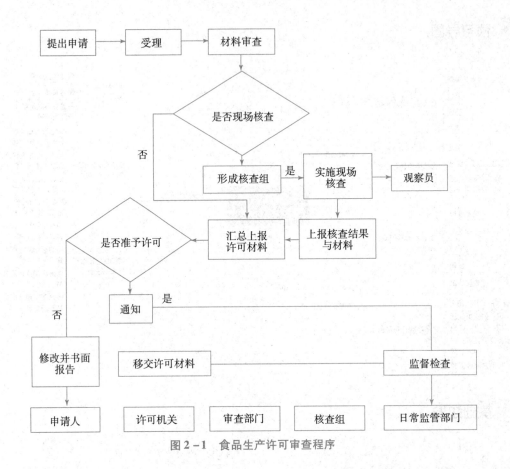

图 2-1 食品生产许可审查程序

油、油脂及其制品，调味品，肉制品，乳制品，饮料，方便食品，饼干，罐头，冷冻饮品、速冻食品，薯类和膨化食品，糖果制品，茶叶及相关制品，酒类，蔬菜制品，水果制品、炒货食品及坚果制品，蛋制品，可可及焙烤咖啡产品，食糖，水产制品，淀粉及淀粉制品，糕点，豆制品，蜂产品，保健食品，特殊医学用途配方食品，婴幼儿配方食品，特殊膳食食品，其他食品等。

2. 申请

1）申请人资格

申请食品生产许可，应当先行取得营业执照等合法主体资格；企业法人、合伙企业、个人独资企业、个体工商户、农民专业合作组织等，以营业执照载明的主体作为申请人。

2）申请应具备条件

申请食品生产许可证应当具备以下条件。

（1）具有与生产的食品品种、数量相适应的食品原料处理和食品加工、包装、贮存等场所，保持该场所环境整洁，并与有毒、有害场所及其他污染源保持规定的距离。

（2）具有与生产的食品品种、数量相适应的生产设备或者设施，有相应的消毒、更衣、盥洗、采光、照明、通风、防腐、防尘、防蝇、防鼠、防虫、洗涤，以及处理废水、存放垃圾和废弃物的设备或者设施；保健食品生产工艺有原料提取、纯化等前处理工序

食品生产许可的
申请与受理

的，需要具备与生产的品种、数量相适应的原料前处理设备或者设施。

（3）有专职或者兼职的食品安全专业技术人员、食品安全管理人员和保证食品安全的规章制度。

（4）具有合理的设备布局和工艺流程，防止待加工食品与直接入口食品、原料与成品交叉污染，避免食品接触有毒物、不洁物。

（5）法律、法规规定的其他条件。

3）申请需提交材料

申请食品生产许可证应当提交以下材料。

（1）食品生产许可申请书。申请书的主要内容包括申请人基本情况、产品信息表、主要设备设施清单、专职或者兼职的食品安全专业技术人员和食品安全管理人员信息、食品安全管理制度清单及其他申请材料等内容。

（2）食品生产设备布局图和食品生产工艺流程图。食品生产设备布局图、食品生产工艺流程图应清晰，主要设备设施布局合理，工艺流程符合审查细则和所执行标准规定的要求。食品生产设备布局图应当按比例标注。

生产设备布局图应完整标志车间的主要生产设备设施及重要辅助设备的名称、具体位置；涉及多层的，应正确标示车间的空间结构（建筑物名称、楼层、结构名称等），有的地区还要求注明各个功能区的面积。食品生产设备布局图、食品生产工艺流程图可按照楼层、申请类别、工艺流程等分别绘制，宜采用 CAD 制图。涉及多张图的，可通过 Word（增加页面）或者 Excel（插入工作表，如 Sheet1、Sheet2、Sheet3）整合到一个电子文档中。

食品生产工艺流程图应包含从原料验收到包装的整个过程工序，并对生产流程中的关键控制点及其控制参数进行标注。对于有洁净度要求的生产工序，还应标注工艺工序对应的洁净区范围。

（3）食品生产主要设备、设施清单。食品生产和检验用主要设备、设施清单，应说明所使用的设备、设施，以及检验所用仪器设备的名称、规格/型号、使用场所及其主要的技术参数。提供的材料要与现场核查时现场设备的铭牌信息保持一致。

（4）专职或者兼职的食品安全专业技术人员、食品安全管理人员信息和食品安全管理制度。食品安全专业技术人员及食品安全管理人员清单应说明每个人员的姓名、职务、学历及专业、人员类别、专职兼职情况等。同一人员可以是专业技术人员和管理人员双重身份，人员可以在内部兼任职务，在提供材料时据实填写即可。食品安全管理制度清单应提供制度名称和文件编号。

（5）申请保健食品、特殊医学用途配方食品、婴幼儿配方食品等特殊食品的生产许可，还应当提交与所生产食品相适应的生产质量管理体系文件及相关注册和备案文件。保健食品申请材料可结合《保健食品生产许可审查细则》和监管需要，由各省决定提交全部材料或目录清单。

申请人应当如实向市场监督管理部门提交有关材料和反映真实情况，对申请材料的真实性负责，并在申请书等材料上签名或者盖章。

申请人申请生产多个类别食品的，由申请人按照省级市场监督管理部门确定的食品生产许可管理权限，自主选择其中一个受理部门提交申请材料。受理部门应当及时告知有相应审批权限的市场监督管理部门，组织联合审查。

4）填写食品生产申请书应注意的事项

（1）生产保健食品、特殊医学用途配方食品、婴幼儿配方食品的，在"备注"列中载明产品或者产品配方的注册号或者备案登记号；接受委托生产保健食品的，还应当载明委托企业名称及住所等相关信息。

（2）生产保健食品原料提取物的，应在"品种明细"列中标注原料提取物名称，并在备注列载明该保健食品名称、注册号或备案号等信息；生产复配营养素的，应在"品种明细"列中标注维生素或矿物质预混料，并在"备注"列载明该保健食品名称、注册号或备案号等信息。

（3）食品安全专业技术人员及食品安全管理人员填写中人员可以在内部兼任职务；同一人员可以是专业技术人员和管理人员双重身份。

（4）食品安全管理制度清单填写中只需要填报食品安全管理制度清单，无须提交制度文本。

3. 受理

县级以上地方市场监督管理部门对申请人提出的食品生产许可申请，应当根据下列情况分别作出处理。

（1）申请事项依法不需要取得食品生产许可的，应当即时告知申请人不受理。

（2）申请事项依法不属于市场监督管理部门职权范围的，应当即时作出不予受理的决定，并告知申请人向有关行政机关申请。

（3）申请材料存在可以当场更正的错误的，应当允许申请人当场更正，由申请人在更正处签名或者盖章，注明更正日期。

（4）申请材料不齐全或者不符合法定形式的，应当当场或者在5个工作日内一次告知申请人需要补正的全部内容。当场告知的，应当将申请材料退回申请人；在5个工作日内告知的，应当收取申请材料并出具收到申请材料的凭据。逾期不告知的，自收到申请材料之日起即为受理。

（5）申请材料齐全、符合法定形式，或者申请人按照要求提交全部补正材料的，应当受理食品生产许可申请。

县级以上地方市场监督管理部门对申请人提出的申请决定予以受理的，应当出具受理通知书；决定不予受理的，应当出具不予受理通知书，说明不予受理的理由，并告知申请人依法享有申请行政复议或者提起行政诉讼的权利。

4. 审查

食品生产许可审查包括申请材料审查和现场核查。申请材料审查应当审查申请材料的完整性、规范性、符合性；现场核查应当审查申请材料与实际状况的一致性、生产条件的符合性。《食品生产许可审查通则（2022版）》应当与相应的食品生产许可审查细则（简称"审查细则"）结合使用。

食品生产许可的
审查与决定

1）申请材料审查

申请材料的审查主要包括以下内容。

（1）申请人应当具有申请食品生产许可的主体资格。申请材料以电子或纸质方式提交。

（2）符合法定要求的电子申请材料、电子证照、电子印章、电子签名、电子档案与纸质申请材料、纸质证照、实物印章、手写签名或者盖章、纸质档案具有同等法律效力。

（3）申请材料应当种类齐全、内容完整，符合法定形式和填写要求，纸质申请材料应当使用钢笔、签字笔填写或者打印，字迹应当清晰、工整，修改处应当加盖申请人公章或者由申请人的法定代表人（负责人）签名。

（4）申请人名称、法定代表人（负责人）、统一社会信用代码、住所等填写内容与营业执照一致。

（5）申请材料应当由申请人的法定代表人（负责人）签名或者加盖申请人公章，复印件还应由申请人注明"与原件一致"。

（6）生产地址为申请人从事食品生产活动的详细地址。

（7）产品信息表中食品、食品添加剂类别，类别编号，类别名称，品种明细及备注的填写符合《食品生产许可分类目录》的有关要求。分装生产的，应在相应品种明细后注明。

审批部门对申请人提交的食品生产申请材料审查，符合有关要求不需要现场核查的，应当按规定程序作出行政许可决定。对需要现场核查的，应当及时作出现场核查的决定，并组织现场核查。

2）现场核查

需现场核查的情况主要包括：①申请生产许可的，应当组织现场核查；②申请变更的事项可能影响食品安全的，包括生产场所发生变迁，现有工艺设备布局和工艺流程、主要生产设备设施、食品类别等事项发生变化的；③申请延续的，申请人声明生产条件发生变化，可能影响食品安全的；④审查部门决定需要对申请变更、延续的材料内容、食品类别、与相关审查细则及执行标准要求相符情况进行核实；⑤申请人的生产场所迁出原发证的市场监管部门管辖范围的，应当重新申请食品生产许可；⑥申请人食品安全信用信息记录载明监督抽检不合格、监督检查不符合、发生过食品安全事故，以及其他保障食品安全方面存在隐患的。

现场核查主要包括生产场所、设备设施、设备布局和工艺流程、人员管理、管理制度及其执行情况，以及试制食品检验合格报告。

（1）在生产场所方面，核查申请人提交的材料是否与现场一致，其生产场所周边和厂区环境、布局和各功能区划分、厂房及生产车间相关材质等是否符合有关规定和要求。

（2）在设备设施方面，核查申请人提交的生产设备设施清单是否与现场一致，生产设备设施材质、性能等是否符合规定并满足生产需要；申请人自行对原辅料及出厂产品进行检验的，是否具备审查细则规定的检验设备设施，性能和精度是否满足检验需要。

（3）在设备布局和工艺流程方面，核查申请人提交的设备布局图和工艺流程图是否与现场一致，设备布局、工艺流程是否符合规定要求，并能防止交叉污染；实施复配食品添加剂现场核查时，根据复配食品添加剂品种特点，核查复配食品添加剂配方组成、有害物质及致病菌是否符合食品安全国家标准。

（4）在人员管理方面，核查申请人是否配备申请材料所列明的食品安全管理人员及专业技术人员；是否建立生产相关岗位的培训及从业人员健康管理制度；从事接触直接入口食品工作的食品生产人员是否取得健康证明。

（5）在管理制度方面，核查申请人的进货查验记录、生产过程控制、出厂检验记录、食品安全自查、不安全食品召回、不合格品管理、食品安全事故处置及审查细则规定的其他保证食品安全的管理制度是否齐全，内容是否符合法律法规等相关规定。

（6）在试制产品检验合格报告方面，可以根据食品生产工艺流程等要求，按申请人生产食品所执行的食品安全标准和产品标准核查试制食品检验合格报告。

审批部门或其委托的下级市场监督管理部门实施现场核查前，应当组建核查组，制作并及时向申请人、实施食品安全日常监督管理的市场监督管理部门送达《食品生产许可现场核查通知书》，告知现场核查有关事项。核查组由不得少于 2 人的食品安全监管人员组成，根据需要可以聘请专业技术人员作为核查人员参加现场核查，实行组长负责制。核查人员应当出示有效证件，并具备满足现场核查工作要求的素质和能力，与申请人存在直接利害关系或者其他可能影响现场核查公正情形的，应当回避。

核查组组长负责组织现场核查、协调核查进度、汇总核查结论、上报核查材料等工作，对核查结论负责。核查组成员对现场核查分工范围内的核查项目评分负责，对现场核查结论有不同意见时，及时与核查组组长研究解决，仍有不同意见时，可以在现场核查结束后 1 个工作日内书面向审批部门报告。

日常监管部门应当派食品安全监管人员作为观察员，配合并协助现场核查工作。核查组成员中有日常监管部门的食品安全监管人员时，不再指派观察员。观察员对现场核查程序、过程、结果有异议的，可在现场核查结束后 1 个工作日内书面向审批部门报告。

现场核查程序包括召开首次会议、实施现场核查、汇总核查情况、形成核查结论、召开末次会议。

（1）召开首次会议：由核查组长向申请人介绍核查组成员及核查目的、依据、内容、程序、安排和要求等，并代表核查组作出保密承诺和廉洁自律声明。参加首次会议人员包括核查组成员和观察员，以及申请人的法定代表人（负责人）或者其代理人、相关食品安全管理人员和专业技术人员，并在《食品、食品添加剂生产许可现场核查首次会议签到表》上签名。

（2）实施现场核查：现场核查应当按照食品的类别分别核查、评分。核查组应当依据《食品、食品添加剂生产许可现场核查评分记录表》所列核查项目，采取核查场所及设备、查阅文件、核实材料及询问相关人员等方法实施现场核查。必要时，核查组可以对申请人的食品安全管理人员、专业技术人员进行抽查考核。

现场核查对每个项目按照符合要求、基本符合要求、不符合要求 3 个等级判定得分，全部核查项目的总分为 100 分。某个核查项目不适用时，不参与评分，在"核查记录"栏目中说明不适用的原因。现场核查结果以得分率进行判定。参与评分项目的实际得分占参与评分项目应得总分的百分比作为得分率。

（3）汇总核查情况：根据现场核查情况，核查组长应当召集核查人员共同研究各自负责核查项目的得分，汇总核查情况，形成初步核查意见。核查组应当就初步核查意见向申请人的法定代表人（负责人）通报，并听取其意见。

（4）形成核查结论：核查组对初步核查意见和申请人的反馈意见会商后，应当根据不同类别名称的食品现场核查情况分别评分判定，形成核查结论，并汇总填写《食品、食品添加剂生产许可现场核查报告》。核查项目单项得分无0分项且总得分率大于或等于85%的，该类别名称及品种明细判定为通过现场核查；核查项目单项得分有0分项或者总得分率小于85%的，该类别名称及品种明细判定为未通过现场核查。

（5）召开末次会议：由核查组长宣布核查结论。核查人员及申请人的法定代表人（负责人）应当在《食品、食品添加剂生产许可现场核查评分记录表》《食品、食品添加剂生产许可现场核查报告》上签署意见并签名、盖章。观察员应当在《食品、食品添加剂生产许可现场核查报告》上签字确认。《食品、食品添加剂生产许可现场核查报告》一式两份，现场交申请人留存一份，核查组留存一份。申请人拒绝签名、盖章的，核查组长应当在《食品、食品添加剂生产许可现场核查报告》上注明情况。参加末次会议人员范围与参加首次会议人员相同，参会人员应当在《食品、食品添加剂生产许可现场核查末次会议签到表》上签名。

核查组应当自接受现场核查任务之日起5个工作日内完成现场核查，并将《食品、食品添加剂生产许可核查材料清单》所列的相关材料上报委派其实施现场核查的市场监督管理部门。

3）特殊情况

因申请人的下列原因导致现场核查无法开展的，核查组应当向委派其实施现场核查的市场监督管理部门报告，本次现场核查的结论判定为未通过现场核查：不配合实施现场核查的；现场核查时生产设备设施不能正常运行的；存在隐瞒有关情况或者提供虚假材料的；其他因申请人主观原因导致现场核查无法正常开展的。

此外，不需现场核查的情形主要包括：①特殊食品注册时已完成现场核查的（注册现场核查后生产条件发生变化的除外）；②申请延续换证，申请人声明生产条件未发生变化的，县级以上地方市场监督管理部门可以不再进行现场核查。

5. 决定

除可以当场作出行政许可决定的外，县级以上地方市场监督管理部门应当根据申请材料审查和现场核查等情况，自受理申请之日起10个工作日内作出是否准予行政许可的决定。对符合条件的，作出准予生产许可的决定，并自作出决定之日起5个工作日内向申请人颁发食品生产许可证；对不符合条件的，应当及时作出不予许可的书面决定并说明理由，同时告知申请人依法享有申请行政复议或者提起行政诉讼的权利。因特殊原因需要延长期限的，经本行政机关负责人批准，可以延长5个工作日，并应当将延长期限的理由告知申请人。

引导问题

查找一份食品生产许可证，看一下正本和副本都载明了哪些事项？

①正本中载明了＿＿＿＿＿＿＿＿＿＿＿＿＿＿＿＿＿＿＿＿＿＿＿＿＿＿＿

②副本中载明了＿＿＿＿＿＿＿＿＿＿＿＿＿＿＿＿＿＿＿＿＿＿＿＿＿＿＿

（二）食品生产许可证的管理

1. 证书的式样与编号

1）证书的式样

食品生产许可证发证日期为许可决定作出的日期，有效期为5 年。食品生产许可证分为正本、副本。正本、副本具有同等法律效力。

食品生产许可证应当载明：生产者名称、社会信用代码、法定代表人（负责人）、住所、生产地址、食品类别、许可证编号、有效期、发证机关、发证日期和二维码。

副本还应当载明食品明细。生产保健食品、特殊医学用途配方食品、婴幼儿配方食品的，还应当载明产品或者产品配方的注册号或者备案登记号；接受委托生产保健食品的，还应当载明委托企业名称及住所等相关信息。

2）证书的编号

食品生产许可证编号由SC（"生产"的汉语拼音字母缩写）和14位阿拉伯数字组成。数字从左至右依次为：3位食品类别编码、2位省（自治区、直辖市）代码、2位市（地）代码、2位县（区）代码、4位顺序码、1位校验码。图2-2为食品生产许可证正本式样，图2-3为食品生产许可证副本式样，图2-4为食品生产许可品种明细表式样。

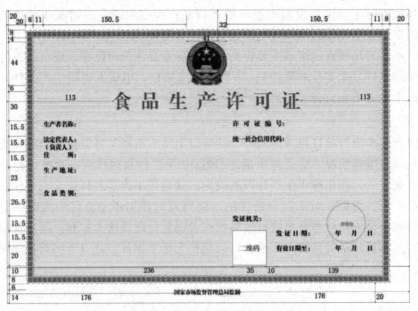

图2-2　食品生产许可证正本式样

食品生产者应当妥善保管食品生产许可证，不得伪造、涂改、倒卖、出租、出借、转让。食品生产者应当在生产场所的显著位置悬挂或者摆放食品生产许可证正本。

2. 证书的变更、延续、补办与注销

1）证书的变更

食品生产许可证有效期内，食品生产者名称、现有设备布局和工艺流程、主要生产设

· 28 ·

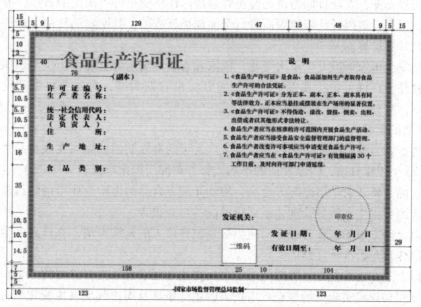

图 2-3　食品生产许可证副本式样

图 2-4　食品生产许可品种明细表式样

备设施、食品类别、生产场所改建、扩建等事项发生变化，需要变更食品生产许可证载明的许可事项的，食品生产者应当在变化后 10 个工作日内向原发证的市场监督管理部门提出变更申请。

　　食品生产许可证副本载明的同一食品类别内的事项发生变化的，食品生产者应当在变化后 10 个工作日内向原发证的市场监督管理部门报告。

　　市场监督管理部门决定准予变更的，应当向申请人颁发新的食品生产许可证。食品生产许可证编号不变，发证日期为市场监督管理部门作出变更许可决定的日期，有效期与原证书一致。但是，对因迁址等原因而进行全面现场核查的，其换发的食品生产许可证有效期自发证之日起计算。

因食品安全国家标准发生重大变化，国家和省级市场监督管理部门决定组织重新核查而换发的食品生产许可证，其发证日期以重新批准日期为准，有效期自重新发证之日起计算。

2）证书的延续

食品生产者需要延续依法取得的食品生产许可的有效期的，应当在该食品生产许可有效期届满30个工作日前，向原发证的市场监督管理部门提出申请。

保健食品、特殊医学用途配方食品、婴幼儿配方食品的生产企业申请延续食品生产许可的，还应当提供生产质量管理体系运行情况的自查报告。

县级以上地方市场监督管理部门应当根据被许可人的延续申请，在该食品生产许可有效期届满前作出是否准予延续的决定。

县级以上地方市场监督管理部门应当对变更或者延续食品生产许可的申请材料进行审查，并按照相关规定实施现场核查。申请人的生产条件及周边环境发生变化，可能影响食品安全的，市场监督管理部门应当就变化情况进行现场核查。

市场监督管理部门决定准予延续的，应当向申请人颁发新的食品生产许可证，许可证编号不变，有效期自市场监督管理部门作出延续许可决定之日起计算。不符合许可条件的，市场监督管理部门应当作出不予延续食品生产许可的书面决定，并说明理由。

3）证书的补办与注销

食品生产者终止食品生产，食品生产许可被撤回、撤销，应当在20个工作日内向原发证的市场监督管理部门申请办理注销手续。

食品生产者申请注销食品生产许可的，应当向原发证的市场监督管理部门提交食品生产许可注销申请书。食品生产许可被注销的，许可证编号不得再次使用。

二、食品经营许可

国家对食品生产经营实行许可制度。从事食品生产、食品销售、餐饮服务，应当依法取得许可。

引导问题

申请食品经营许可证，需要提交哪些资料？

① _____

② _____

③ _____

④ _____

（一）食品经营许可证的申办

1. 经营项目

食品经营项目分为食品销售、餐饮服务、食品经营管理三类。食品销售，包括散装食品销售、散装食品和预包装食品销售。餐饮服务，包括热食类食品制售、冷食类食品制售、生食类食品制售、半成品制售、自制饮品制售等，其中半成品制售仅限中央厨房申请。食品经营管理，包括食品销售连锁管理、餐饮服务连锁管理、餐饮服务管理等。

食品经营者从事散装食品销售中的散装熟食销售、冷食类食品制售中的冷加工糕点制售和冷荤类食品制售应当在经营项目后以括号标注。食品经营项目可以复选。具体内容如下。

（1）食品销售连锁管理，指食品销售连锁企业总部对其管理的门店实施统一的采购配送、质量管理、经营指导，或者品牌管理等规范化管理的活动。

（2）餐饮服务连锁管理，指餐饮服务连锁企业总部对其管理的门店实施统一的采购配送、质量管理、经营指导，或者品牌管理等规范化管理的活动。

（3）餐饮服务管理，指为餐饮服务提供者提供人员、加工制作、经营或者食品安全管理等服务的第三方管理活动。

（4）散装食品，指在经营过程中无食品生产者预先制作的定量包装或者容器、需要称重或者计件销售的食品，包括无包装及称重或者计件后添加包装的食品。在经营过程中，食品经营者进行的包装，不属于定量包装。

（5）热食类食品，指食品原料经过粗加工、切配并经过蒸、煮、烹、煎、炒、烤、炸、焙烤等烹饪工艺制作的即食食品，含热加工糕点、汉堡，以及火锅和烧烤等烹饪方式加工而成的食品等。

（6）冷食类食品，指最后一道工艺是在常温或者低温条件下进行的，包括解冻、切配、调制等过程，加工后在常温或者低温条件下即可食用的食品，含生食瓜果蔬菜、腌菜、冷加工糕点、冷荤类食品等。

（7）生食类食品，一般特指生食动物性水产品（主要是海产品）。

（8）半成品，指原料经初步或者部分加工制作后，尚需进一步加工制作的非直接入口食品，不包括贮存的已加工成成品的食品。

（9）自制饮品，指经营者现场制作的各种饮料，含冰淇淋等。

（10）冷加工糕点，指在各种加热熟制工序后，在常温或者低温条件下再进行二次加工的糕点。

2. 主体业态

食品经营主体业态分为食品销售经营者、餐饮服务经营者、集中用餐单位食堂。食品经营者从事食品批发销售、中央厨房、集体用餐配送的，利用自动设备从事食品经营的，或者学校、托幼机构食堂，应当在主体业态后以括号标注。主体业态以主要经营项目确定，不可以复选。

（1）集中用餐单位食堂，指设于机关、事业单位、社会团体、民办非企业单位、企业等，供应内部职工、学生等集中就餐的餐饮服务提供者。

（2）中央厨房，指由食品经营企业建立，具有独立场所和设施设备，集中完成食品成品或者半成品加工制作并配送给本单位连锁门店，供其进一步加工制作后提供给消费者的经营主体。

（3）集体用餐配送单位，指主要服务于集体用餐单位，根据其订购要求，集中加工、分送食品但不提供就餐场所的餐饮服务提供者。

食品经营许可的申请

3. 申请

1）申请人资格

在中华人民共和国境内，从事食品销售和餐饮服务活动，应当依法取得食品经营许可；申请人应当先行取得营业执照等合法主体资格；企业法人、合伙企业、个人独资企业、个体工商户等，以营业执照载明的主体作为申请人；机关、事业单位、社会团体、民办非企业单位、企业等申办单位食堂，以机关或者事业单位法人登记证、社会团体登记证或者营业执照等载明的主体作为申请人。

2）申请应具备条件

从事食品经营管理的，应当具备与其经营规模相适应的食品安全管理能力，建立健全食品安全管理制度，并按照规定配备食品安全管理人员，对其经营管理的食品安全负责。具体包括以下内容。

（1）具有与经营的食品品种、数量相适应的食品原料处理和食品加工、销售、贮存等场所，保持该场所环境整洁，并与有毒、有害场所及其他污染源保持规定的距离。

（2）具有与经营的食品品种、数量相适应的经营设备或者设施，有相应的消毒、更衣、盥洗、采光、照明、通风、防腐、防尘、防蝇、防鼠、防虫、洗涤，以及处理废水、存放垃圾和废弃物的设备或者设施。

（3）有专职或者兼职的食品安全总监、食品安全员等食品安全管理人员和保证食品安全的规章制度。

（4）具有合理的设备布局和工艺流程，防止待加工食品与直接入口食品、原料与成品交叉污染，避免食品接触有毒物、不洁物。

（5）食品安全相关法律、法规规定的其他条件。

3）申请需提交材料

申请人应当如实向县级以上地方市场监督管理部门提交有关材料并反映真实情况，对申请材料的真实性负责，并在申请书等材料上签名或者盖章。符合法律规定的可靠电子签名、电子印章与手写签名或者盖章具有同等法律效力。具体申请材料如下。

（1）食品经营许可申请书。

（2）营业执照或者其他主体资格证明文件复印件。

（3）与食品经营相适应的主要设备设施、经营布局、操作流程等文件。

（4）食品安全自查、从业人员健康管理、进货查验记录、食品安全事故处置等保证食品安全的规章制度目录清单。

（5）利用自动设备从事食品经营的，申请人应当提交每台设备的具体放置地点、食品经营许可证的展示方法、食品安全风险管控方案等材料。

（6）申请人委托代理人办理食品经营许可申请的，代理人应当提交授权委托书及代理人的身份证明文件。

申请人应当如实向县级以上地方市场监督管理部门提交有关材料并反映真实情况，对申请材料的真实性负责，并在申请书等材料上签名或者盖章。符合法律规定的可靠电子签名、电子印章与手写签名或者盖章具有同等法律效力。

4）食品经营许可申请书的注意事项

填写食品经营许可申请书时，应注意经营者名称、统一社会信用代码、住所、经营场所等内容的规范，具体要求如下。

（1）经营者名称，应与营业执照或法人登记证等主体资格证明上标注的名称一致。

（2）统一社会信用代码，应与营业执照标注的社会信用代码内容保持一致。无社会信用代码的填写营业执照号码；无营业执照的机关、企、事业单位、社会团体及其他组织机构，填写组织机构代码；个体经营者填写相关身份证件号码。

（3）住所，要具体表述所在位置，明确到门牌号、房间号，住所应与营业执照（或组织机构证、相关身份证件）内容一致。

（4）经营场所，填写申办经营者实施食品经营行为的实际地点，不一定与营业执照地址一致。如有多个经营地址，应当分别取得许可。

食品经营许可的受理

4. 受理

1）受理流程

县级以上地方市场监督管理部门对申请人提出的食品经营许可申请，应当根据下列情况分别作出处理。

（1）申请事项依法不需要取得食品经营许可的，应当即时告知申请人不受理。

（2）申请事项依法不属于市场监督管理部门职权范围的，应当即时作出不予受理的决定，并告知申请人向有关行政机关申请。

（3）申请材料存在可以当场更正的错误的，应当允许申请人当场更正，由申请人在更正处签名或者盖章，注明更正日期。

（4）申请材料不齐全或者不符合法定形式的，应当当场或者自收到申请材料之日起5个工作日内一次告知申请人需要补正的全部内容和合理的补正期限。申请人无正当理由逾期不予补正的，视为放弃行政许可申请，市场监督管理部门不需要作出不予受理的决定。市场监督管理部门逾期未告知申请人补正的，自收到申请材料之日起即为受理。

（5）申请材料齐全、符合法定形式，或者申请人按照要求提交全部补正材料的，应当受理食品经营许可申请。

县级以上地方市场监督管理部门对申请人提出的申请决定予以受理的，应当出具受理通知书；当场作出许可决定并颁发许可证的，不需要出具受理通知书；决定不予受理的，应当出具不予受理通知书，说明理由，并告知申请人依法享有申请行政复议或者提起行政诉讼的权利。

2）注意事项

（1）营业执照或者其他主体资格证明文件能够实现网上核验的，申请人不需要提供此文件。

（2）从事食品经营管理的食品经营者，可以不提供主要设备设施、经营布局材料。

（3）仅从事食品销售类经营项目的不需要提供操作流程。

（4）食品经营者从事解冻、简单加热、冲调、组合、摆盘、洗切等食品安全风险较低的简单制售的，县级以上地方市场监督管理部门在保证食品安全的前提下，可以适当简化设备设施、专门区域等审查内容。

（5）学校、托幼机构、养老机构、建筑工地等集中用餐单位的食堂应当依法取得食品经营许可，落实食品安全主体责任。

（6）承包经营集中用餐单位食堂的，应当取得与承包内容相适应的食品经营许可，具有与所承包的食堂相适应的食品安全管理制度和能力，按照规定配备食品安全管理人员，并对食堂的食品安全负责。集中用餐单位应当落实食品安全管理责任，按照规定配备食品安全管理人员，对承包方的食品经营活动进行监督管理，督促承包方落实食品安全管理制度。

（7）食品经营者从事网络经营的，外设仓库（包括自有和租赁）的，或者集体用餐配送单位向学校、托幼机构供餐的，应当在开展相关经营活动之日起10个工作日内向所在地县级以上地方市场监督管理部门报告。所在地县级以上地方市场监督管理部门应当在食品经营许可和备案管理信息平台记录报告情况。

5. 审查与决定

1）审查事项——材料

（1）直接接触食品的从业人员应当具有健康证明。

（2）申请销售散装熟食制品的，除符合基本规定外，申请时还应当提交与挂钩生产单位的合作协议（合同），提交生产单位的《食品生产许可证》复印件。

（3）餐饮服务食品安全管理人员应当具备2年以上餐饮服务食品安全工作经历，并持有国家或行业规定的相关资质证明。

（4）在餐饮服务中提供自酿酒的经营者在申请许可前应当先行取得具有资质的食品安全第三方机构出具的对成品安全性的检验合格报告。在餐饮服务中自酿酒不得使用压力容器，自酿酒只限于在本门店销售，不得在本门店外销售。

（5）食品经营企业应当具有保证食品安全的管理制度。食品安全管理制度应当包括：从业人员健康管理制度和培训管理制度、食品安全管理员制度、食品安全自检自查与报告制度、食品经营过程与控制制度、场所及设施设备清洗消毒和维修保养制度、进货查验和查验记录制度、食品贮存管理制度、废弃物处置制度、食品安全突发事件应急处置方案等。

2）审查事项——场所

（1）食品经营场所和食品贮存场所不得设在易受到污染的区域，距离粪坑、污水池、暴露垃圾场（站）、旱厕等污染源25 m以上。

（2）食品销售场所和食品贮存场所应当环境整洁，有良好的通风、排气装置，并避免日光直接照射。地面应做到硬化，平坦防滑并易于清洁消毒，并有适当措施防止积水。食品销售场所和食品贮存场所应当与生活区分（隔）开。

（3）销售场所应布局合理，食品销售区域和非食品销售区域分开设置，生食区域和熟食区域分开，待加工食品区域与直接入口食品区域分开，经营水产品的区域与其他食品经营区域分开，防止交叉污染。

（4）食品贮存应设专门区域，不得与有毒有害物品同库存放。贮存的食品应与墙壁、地面保持适当距离，防止虫害藏匿并利于空气流通。食品与非食品、生食与熟食应当有适当的分隔措施，固定的存放位置和标志。

（5）餐饮服务场所内设置厕所的，其出口附近应当设置洗手、消毒、烘干设施。食品处理区内不得设置厕所。

（6）更衣场所与餐饮服务场所应当处于同一建筑内，有与经营项目和经营规模相适应的空间、更衣设施和照明。

3）审查事项——设备

（1）直接接触食品的设备或设施、工具、容器和包装材料等应当具有产品合格证明，应为安全、无毒、无异味、防吸收、耐腐蚀且可承受反复清洗和消毒的材料制作，易于清洁和保养。

（2）申请销售有温度控制要求的食品，应配备与经营品种、数量相适应的冷藏、冷冻设备，设备应当保证食品贮存销售所需的温度等要求。

（3）烹调场所应当配置排风和调温装置，用水应当符合国家规定的生活饮用水卫生标准。

（4）用于盛放原料、半成品、成品的容器和使用的工具、用具，应当有明显的区分标志，存放区域分开设置。

（5）食品处理区内的粗加工操作场所应当根据加工品种和规模设置食品原料清洗水池，保障动物性食品、植物性食品、水产品三类食品原料能分开清洗。

（6）从事网络经营的设备要求请见本节"食品经营许可——网络经营"。

4）专间要求

申请现场制售冷食类食品、生食类食品的应当设立相应的制作专间；申请现场制作糕点类食品应当设置专用操作场所，制作裱花类糕点还应当设立单独的裱花专间，冷食、生食、裱花专间应当符合以下要求。

（1）专间内无明沟，地漏带水封。食品传递窗为开闭式，其他窗封闭。专间门采用易清洗、不吸水的坚固材质，能够自动关闭。

（2）专间内设有独立的空调设施、工具清洗消毒设施、专用冷藏设施和与专间面积相适应的空气消毒设施。专间内的废弃物容器盖子应当为非手动开启式。

（3）专间入口处应当设置独立的洗手、消毒、更衣设施。

5）专用操作场所要求

申请自制饮品制作应设专用操作场所，专用操作场所应当符合以下要求。

（1）场所内无明沟，地漏带水封。

（2）设工具清洗消毒设施和专用冷藏设施。

（3）入口处设置洗手、消毒设施。

6）中央厨房要求

（1）中央厨房加工配送配制冷食类和生食类食品，食品冷却、包装应当设立分装专间。

（2）需要直接接触成品的用水，应经过加装水净化设施处理。

（3）食品加工操作和贮存场所面积应当与加工食品的品种和数量相适应。

（4）墙角、柱脚、侧面、底面的结合处有一定的弧度。

（5）场所地面应采用便于清洗的硬质材料铺设，有良好的排水系统。

（6）配备与加工食品品种、数量以及贮存要求相适应的封闭式专用运输冷藏车辆，车辆内部结构平整，易清洗。

7）集体用餐配送要求

（1）食品处理区面积与最大供餐人数相适应。

（2）具有餐用具清洗消毒保洁设施。

（3）采用冷藏方式贮存的，应配备冷却设备。

（4）冷藏食品运输车辆应配备制冷装置，使运输时食品中心温度保持在10℃以下。加热保温食品运输车辆应使运输时食品中心温度保持在60℃以上。

（5）有条件的食品经营者设置与加工制作的食品品种相适应的检验室。没有条件设置检验室的，可以委托有资质的检验机构代行检验。

（6）单位食堂应当配备留样专用容器、冷藏设施以及留样管理人员。

8）其他需注意事项要求

（1）申请保健食品销售、特殊医学用途配方食品销售、婴幼儿配方乳粉销售、婴幼儿配方食品销售的，应当在经营场所划定专门的区域或柜台、货架摆放销售。

（2）申请保健食品销售、特殊医学用途配方食品销售、婴幼儿配方乳粉销售、婴幼儿配方食品销售的，应当分别设立提示牌，注明"×××销售专区（或专柜）"字样，提示牌为绿底白字，字体为黑体，字体大小可根据设立的专柜或专区的空间大小而定。

（3）餐饮服务企业应当制定食品添加剂使用公示制度。

9）流程与时限

县级以上地方市场监督管理部门应当对申请人提交的许可申请材料进行审查。需要对申请材料的实质内容进行核实的，应当进行现场核查。食品经营许可申请包含预包装食品销售的，对其中的预包装食品销售项目不需要进行现场核查。上级地方市场监督管理部门可以委托下级地方市场监督管理部门，对受理的食品经营许可申请进行现场核查。

现场核查应当由符合要求的核查人员进行。核查人员不得少于2人。核查人员应当出示有效证件，填写食品经营许可现场核查表，制作现场核查记录，经申请人核对无误后，由核查人员和申请人在核查表上签名或者盖章。申请人拒绝签名或者盖章的，核查人员应当注明情况。

核查人员应当自接受现场核查任务之日起5个工作日内，完成对经营场所的现场核查。经核查，通过现场整改能够符合条件的，应当允许现场整改；需要通过一定时限整改的，应当明确整改要求和整改时限，并经市场监督管理部门负责人同意。

县级以上地方市场监督管理部门应当自受理申请之日起10个工作日内作出是否准予行政许可的决定。因特殊原因需要延长期限的，经市场监督管理部门负责人批准，可以延长5个工作日，并应当将延长期限的理由告知申请人。鼓励有条件的地方市场监督管理部门优化许可工作流程，压减现场核查、许可决定等工作时限。

县级以上地方市场监督管理部门应当根据申请材料审查和现场核查等情况，对符合条件的，作出准予行政许可的决定，并自作出决定之日起5个工作日内向申请人颁发食品经营许可证；对不符合条件的，应当作出不予许可的决定，说明理由，并告知申请人依法享有申请行政复议或者提起行政诉讼的权利。

（二）食品经营许可证的管理

1. 证书的式样与编号

1）证书式样

食品经营许可证分为正本（图2-5）、副本。正本、副本具有同等法律效力。食品经营许可证应当载明：经营者名称、统一社会信用代码、法定代表人（负责人）、住所、经营场所、主体业态、经营项目、许可证编号、有效期、投诉举报电话、发证机关、发证日期，并赋有二维码。其中，经营场所、主体业态、经营项目属于许可事项，其他事项不属于许可事项。

图2-5 食品经营许可证正本式样

食品经营者取得餐饮服务、食品经营管理经营项目的，销售预包装食品不需要在许可证上标注食品销售类经营项目。在经营场所外设置仓库（包括自有和租赁）的，还应当在副本中载明仓库具体地址。食品经营许可证发证日期为许可决定作出的日期，有效期为5年。市场监督管理部门制作的食品经营许可电子证书与印制的食品经营许可证书具有同等法律效力。

2）证书编号

食品经营许可证编号由 JY（"经营"的汉语拼音首字母缩写）和 14 位阿拉伯数字组成。数字从左至右依次为：1 位主体业态代码、2 位省（自治区、直辖市）代码、2 位市（地）代码、2 位县（区）代码、6 位顺序码、1 位校验码。

日常监督管理人员为负责对食品经营活动进行日常监督管理的工作人员。日常监督管理人员发生变化的，可以通过签章的方式在许可证上变更。

食品经营者应当妥善保管食品经营许可证，不得伪造、涂改、倒卖、出租、出借、转让。

食品经营者应当在经营场所的显著位置悬挂、摆放纸质食品经营许可证正本或者展示其电子证书。利用自动设备从事食品经营的，应当在自动设备的显著位置展示食品经营者的联系方式、食品经营许可证复印件或者电子证书、备案编号。

2. 证书的变更、延续、补办与注销

1）证书的变更

食品经营许可证载明的事项发生变化的，食品经营者应当在变化后 10 个工作日内向原发证的市场监督管理部门申请变更食品经营许可。食品经营者地址迁移，不在原许可经营场所从事食品经营活动的，应当重新申请食品经营许可。

发生下列情形的，食品经营者应当在变化后 10 个工作日内向原发证的市场监督管理部门报告：①食品经营者的主要设备设施、经营布局、操作流程等发生较大变化，可能影响食品安全的；②从事网络经营情况发生变化的；③外设仓库（包括自有和租赁）地址发生变化的；④集体用餐配送单位向学校、托幼机构供餐情况发生变化的；⑤自动设备放置地点、数量发生变化的；⑥增加预包装食品销售的。

食品经营者申请变更食品经营许可的，应当提交食品经营许可变更申请书，以及与变更食品经营许可事项有关的材料。食品经营者取得纸质食品经营许可证正本、副本的，应当同时提交。

原发证的市场监督管理部门决定准予变更的，应当向申请人颁发新的食品经营许可证。食品经营许可证编号不变，发证日期为市场监督管理部门作出变更许可决定的日期，有效期与原证书一致。不符合许可条件的，原发证的市场监督管理部门应当作出不予变更食品经营许可的书面决定，说明理由，并告知申请人依法享有申请行政复议或者提起行政诉讼的权利。

2）证书的延续

食品经营者需要延续依法取得的食品经营许可有效期的，应当在该食品经营许可有效期届满前 90 个工作日至 15 个工作日期间，向原发证的市场监督管理部门提出申请。

县级以上地方市场监督管理部门应当根据被许可人的延续申请，在该食品经营许可有效期届满前作出是否准予延续的决定。

在食品经营许可有效期届满前15个工作日内提出延续许可申请的，原食品经营许可有效期届满后，食品经营者应当暂停食品经营活动，原发证的市场监督管理部门作出准予延续的决定后，方可继续开展食品经营活动。

食品经营者申请延续食品经营许可的，应当提交食品经营许可延续申请书，以及与延续食品经营许可事项有关的其他材料。食品经营者取得纸质食品经营许可证正本、副本的，应当同时提交。

县级以上地方市场监督管理部门应当对变更或者延续食品经营许可的申请材料进行审查。申请人的经营条件发生变化或者增加经营项目，可能影响食品安全的，市场监督管理部门应当就变化情况进行现场核查。

申请变更或者延续食品经营许可时，申请人声明经营条件未发生变化、经营项目减项或者未发生变化的，市场监督管理部门可以不进行现场核查，对申请材料齐全、符合法定形式的，当场作出准予变更或者延续食品经营许可决定。未现场核查的，县级以上地方市场监督管理部门应当自申请人取得食品经营许可之日起30个工作日内对其实施监督检查。现场核查发现实际情况与申请材料内容不相符的，食品经营者应当立即采取整改措施，经整改仍不相符的，依法撤销变更或者延续食品经营许可决定。

原发证的市场监督管理部门决定准予延续的，应当向申请人颁发新的食品经营许可证，许可证编号不变，有效期自作出延续许可决定之日起计算。不符合许可条件的，原发证的市场监督管理部门应当作出不予延续食品经营许可的书面决定，说明理由，并告知申请人依法享有申请行政复议或者提起行政诉讼的权利。

3）证书的补办与注销

食品经营许可证遗失、损坏，应当向原发证的市场监督管理部门申请补办，并提交食品经营许可证补办申请书及书面遗失声明或者受损坏的食品经营许可证。材料符合要求的，县级以上地方市场监督管理部门应当在受理后10个工作日内予以补发。因遗失、损坏补发的食品经营许可证，许可证编号不变，发证日期和有效期与原证书保持一致。

食品经营者申请注销食品经营许可的，应当向原发证的市场监督管理部门提交食品经营许可注销申请书，以及与注销食品经营许可有关的其他材料。食品经营者取得纸质食品经营许可证正本、副本的，应当同时提交。食品经营许可被注销的，许可证编号不得再次使用。

3. 食品经营许可——网络经营

《中华人民共和国电子商务法》（简称《电子商务法》）明确规定电子商务经营者是指通过互联网等信息网络从事销售商品或者提供服务的经营活动的自然人、法人和非法人组织，包括电子商务平台经营者、平台内经营者及通过自建网站、其他网络服务销售商品或者提供服务的电子商务经营者。《电子商务法》规定电子商务经营者应当依法办理市场主体登记。从事经营活动的，依法需要取得相关行政许可的，应当依法取得行政许可。电子商务经营者应当在其首页显著位置，持续公示营业执照信息、与其经营业务有关的行政许可信息。

在食品领域而言，电子商务经营者即为从事网络经营的食品生产经营者。入网食品生产经营者应当依法取得许可，并按照许可的类别范围销售食品，按照许可的经营项目范围从事食品经营。

1）食品经营者（网络经营）要求

食品经营者（网络经营）包括网络食品销售者和网络餐饮服务者两大类。食品经营者在实体门店经营的同时通过互联网从事食品经营的，除基本条件外，还应当向许可机关提供具有可现场登陆申请人网站、网页或网店等功能的设施设备，供许可机关审查。无实体门店经营的互联网食品经营者应当具有与经营的食品品种、数量相适应的固定的食品经营场所，贮存场所视同食品经营场所，并应当向许可机关提供具有可现场登陆申请人网站、网页或网店等功能的设施设备，供许可机关审查。无实体门店经营的互联网食品经营者不得申请所有食品制售项目及散装熟食销售。

2）网络食品交易第三方平台要求

网络食品交易第三方平台提供者应当对入网食品经营者进行实名登记，明确其食品安全管理责任；依法应当取得许可证的，还应当审查其许可证，并妥善保存入网食品经营者的登记信息和交易信息。同时应当建立入网食品生产经营者审查登记、食品安全自查、食品安全违法行为制止及报告、严重违法行为平台服务停止、食品安全投诉举报处理等制度，并在网络平台上公开。

4. 其他需明确问题

（1）仅销售预包装食品的，应当报所在地县级以上地方人民政府食品安全监督管理部门备案；仅销售预包装食品的食品经营者在办理备案后，增加其他应当取得食品经营许可的食品经营项目的，应当依法取得食品经营许可；取得食品经营许可之日起备案自行失效。

（2）食品经营者已经取得食品经营许可，增加预包装食品销售的，不需要另行备案。

（3）已经取得食品生产许可的食品生产者在其生产加工场所或者通过网络销售其生产的预包装食品的，不需要另行备案。

（4）医疗机构、药品零售企业销售特殊医学用途配方食品中的特定全营养配方食品不需要备案，但是向医疗机构、药品零售企业销售特定全营养配方食品的经营企业，应当取得食品经营许可或者进行备案。

（5）食品展销会（展销会包括交易会、博览会、庙会等）的举办者应当在展销会举办前15个工作日内，向所在地县级市场监督管理部门报告食品经营区域布局、经营项目、经营期限、食品安全管理制度及入场食品经营者主体信息核验情况等。法律、法规、规章或者县级以上地方人民政府有规定的，依照其规定。食品展销会的举办者应当依法承担食品安全管理责任，核验并留存入场食品经营者的许可证或者备案情况等信息，明确入场食品经营者的食品安全义务和责任并督促落实，定期对其经营环境、条件进行检查，发现有食品安全违法行为的，应当及时制止并立即报告所在地县级市场监督管理部门。

（6）食品经营者在不同经营场所从事食品经营活动的，应当依法分别取得食品经营许可或者进行备案。通过自动设备从事食品经营活动或者仅从事食品经营管理活动的，取得一个经营场所的食品经营许可或者进行备案后，即可在本省级行政区域内的其他经营场所开展已取得许可或者备案范围内的经营活动。利用自动设备跨省经营的，应当分别向经营者所在地和自动设备放置地点所在地省级市场监督管理部门报告。

（7）跨省从事食品经营管理活动的，应当分别向经营者所在地和从事经营管理活动所在地省级市场监督管理部门报告。

（8）县级以上地方市场监督管理部门应当通过食品经营许可和备案管理信息平台实施食品经营许可和备案全流程网上办理。

此外，不需要取得食品经营许可的情形包括：①销售食用农产品；②仅销售预包装食品，应当报所在地县级以上地方市场监督管理部门备案；③医疗机构、药品零售企业销售特殊医学用途配方食品中的特定全营养配方食品；④已经取得食品生产许可的食品生产者，在其生产加工场所或者通过网络销售其生产的食品；⑤法律、法规规定的其他不需要取得食品经营许可的情形。

三、特殊食品的注册与备案

引导问题

查找《可用于保健食品的益生菌菌种名单》，请回答哪些益生菌菌种可用于生产保健食品？

_____

_____

（一）保健食品备案与注册

我国对保健食品实行注册与备案相结合的分类管理制度。具体而言，国家对使用保健食品原料目录以外原料的保健食品和首次进口的保健食品实行注册管理，对使用的原料已经列入保健食品原料目录的和首次进口的属于补充维生素、矿物质等营养物质的保健食品实行备案管理。

1. 保健食品备案

保健食品备案，是指保健食品生产企业依照法定程序、条件和要求，将表明产品安全性、保健功能和质量可控性的材料提交市场监督管理部门进行存档、公开、备查的过程。保健食品备案范围包括使用的原料已经列入保健食品原料目录的保健食品及首次进口的属于补充维生素、矿物质等营养物质的保健食品。其中首次进口的属于补充维生素、矿物质等营养物质的保健食品，其营养物质应当是列入保健食品原料目录的物质。

1）保健食品备案流程

（1）获取备案系统登录账号。国产保健食品备案人应向所在地省、自治区、直辖市市场监督管理部门提出获取备案管理信息系统登录账号的申请。

进口保健食品备案人携带产品生产国（地区）政府主管部门或法律服务机构出具的备案人为上市保健食品境外生产厂商的资质证明文件和联系人授权委托书等，向国家市场监督管理总局行政受理服务部门现场提出获取备案管理信息系统登录账号的申请，由受理部门审核通过后向备案人发放登录账号。

原注册人已注册产品转备案的，应当向总局技术审评机构提出申请。总局技术审评机构对转备案申请相关信息进行审核，符合要求的，将产品相关电子注册信息转送备案管理部门，同时书面告知申请人可向备案管理部门提交备案申请。

（2）产品备案信息填报、提交。国产及进口保健食品的备案人获得备案管理信息系统登录账号后，从网址进入系统，认真阅读并按照相关要求逐项填写备案人及申请备案产品相关信息，逐项打印系统自动生成的附带条形码、校验码的备案申请表、产品配方、标签说明书、产品技术要求等，连同其他备案材料，逐页在文字处加盖备案人公章（检验机构出具的检验报告、公证文书、证明文件除外）。备案人将所有备案纸质材料清晰扫描成彩色电子版（PDF格式）上传至保健食品备案管理信息系统，确认后提交。

进口保健食品的备案人若无印章，可以法人代表签字或签名章代替。且进口保健食品的备案人还需向国家市场监督管理总局行政受理服务部门提交全套备案材料原件1份。

原注册人已注册（或申请注册）产品转备案的，进入保健食品备案管理信息系统后，可依据《保健食品原料目录》及相关备案管理要求，修改和完善原注册产品相关信息，并注明修改的内容和理由。

（3）发放备案号、存档和公开。备案材料符合要求的，备案管理部门当场备案，发放备案号，并按照相关格式要求制作备案凭证；不符合要求的，应当一次告知备案人补正相关材料。

备案人应当保留一份完整的备案材料存档备查。

备案管理部门对原注册产品发放备案号后，应当书面告知总局技术审评机构注销原注册证书和批准文号，或终止原注册申请。

2）保健食品备案材料

国产保健食品备案材料项目及要求如下。

（1）保健食品备案登记表，以及备案人对提交材料真实性负责的法律责任承诺书。备案人通过保健食品备案管理信息系统完善备案人信息、产品信息后，备案登记表和法律责任承诺书将自动生成。备案人应当按照要求打印、盖章后上传。

（2）备案人主体登记证明文件。备案人应当提供营业执照、统一社会信用代码/组织机构代码等符合法律规定的法人组织证明文件扫描件，以及载有保健食品类别的生产许可证明文件扫描件。

如为注册转备案的情况，原注册人还应当提供保健食品注册证明文件扫描件。原注册人没有载有保健食品类别的生产许可证明文件的，可免于提供。

（3）产品配方材料。包括原料和辅料的名称和用量。原料应当符合《保健食品原料目录》的规定，辅料应符合保健食品备案产品可用辅料相关要求。原料、辅料用量是指生产1 000个最小制剂单位的用量。

使用经预处理原辅料的，预处理原辅料所用原料应当符合《保健食品原料目录》的规定，所用辅料应符合保健食品备案产品可用辅料相关要求。备案信息填报时，应当分别列出预处理原辅料所使用的原料、辅料名称和用量，并明确标注该预处理原料的信息。如果预处理原辅料所用原料和辅料与备案产品中其他原辅料相同，则该原辅料不重复列出，其使用量应为累积用量，且不得超过可用辅料范围及允许的最大使用量。

如使用辅酶Q_{10}、褪黑素、破壁灵芝孢子粉、螺旋藻、鱼油原料进行产品备案，则辅料应符合辅酶Q_{10}等5种保健食品原料备案产品剂型及技术要求中的相关规定。

原注册人申请产品备案时，如果原辅料不符合《保健食品原料目录》或相关技术要求的，备案人应调整产品配方和相关技术要求至符合要求，并予以说明，但不能增加原料种类。

（4）产品生产工艺材料。提供生产工艺流程简图及说明，工艺流程图应包括主要工序、关键工艺控制点等。工艺流程图、工艺说明应当与产品技术要求中生产工艺描述内容相符。

使用预处理原辅料的，应在工艺流程简图及说明中进行标注。

不得通过提取、合成等工艺改变《保健食品原料目录》内原料的化学结构、成分等。剂型选择应合理。备案产品剂型应根据产品的适宜人群等综合确定，避免因剂型选择不合理引发食用安全隐患。

（5）安全性和保健功能评价材料。提供经中试及以上规模的工艺生产的三批产品功效成分或标志性成分、卫生学、稳定性等检验报告（原注册人申请备案的，如未调整产品配方和产品技术要求，可以提供原申报时提交的检验报告，并予以说明）。

备案人应确保检验用样品的来源清晰、可溯源。国产备案产品应为经中试及以上生产规模工艺生产的样品。备案人具备自检能力的可以对产品进行自检；备案人不具备检验能力的，应当委托具有合法资质的检验机构进行检验。

提供产品原料、辅料合理使用的说明，以及产品标签说明书、产品技术要求制定符合相关法规的说明。

（6）直接接触产品的包装材料的种类、名称及标准。应提供直接接触产品的包装材料的种类、名称、标准号等使用依据。

（7）产品标签、说明书样稿。产品标签应该符合相关法律、法规等有关规定，涉及说明书内容的，应当与说明书有关内容保持一致。

产品说明书内容包括：产品名称、原料、辅料、功效成分或标志性成分含量、适宜人群、不适宜人群、保健功能、食用量及食用方法、规格、贮藏方法、保质期、注意事项。

保健食品的标签、说明书主要内容不得涉及疾病预防、治疗功能，并声明"本品不能代替药物"。

（8）产品技术要求材料。备案人应确保产品技术要求内容完整，与检验报告检测结果相符，并符合现行法规、技术规范和食品安全国家标准的规定。

内容包括：产品名称；原料；辅料；生产工艺；直接接触产品包装材料的种类、名称及标准；感官要求；鉴别；理化指标；微生物指标；功效成分或标志性成分指标；装量或重量差异指标（净含量及允许负偏差指标）；原辅料质量要求。

（9）具有合法资质的检验机构出具的符合产品技术要求的全项目检验报告。检验机构按照备案人拟定的产品技术要求规定的项目、方法等进行检测，出具三批产品技术要求全项目检验报告。检验报告包括检测结果是否符合现行法规、规范性文件、强制性国家标准和产品技术要求等的结论。保健食品备案检验申请表、备案检验受理通知书与检验报告中的产品名称、检测指标等内容应保持一致。检验机构出具检验报告后，不得变更。对于具有合法资质的检验机构未认证的感官要求、功效成分或标志性成分指标，检验机构应以文字说明其检测依据。

该项检验报告与"安全性和保健功能评价材料"的检验报告为同一检验机构出具的，

则应为不同的三个批次产品的检验报告；为不同检验机构出具的，可采用三批相同批次的样品。

（10）产品名称相关检索材料。备案人应从国家市场监督管理总局网站数据库中检索并打印，提供产品名称（包括商标名、通用名和属性名）与已批准注册或备案的保健食品名称不重名的检索材料。

（11）其他表明产品安全性和保健功能的材料。

进口保健食品备案除应按国产产品提交相关材料外，还应提交下列材料。

（1）备案人主体登记证明文件。产品生产国（地区）政府主管部门或者法律服务机构出具的备案人为上市保健食品境外生产厂商的资质证明文件。应载明出具文件机构名称、生产厂商名称地址、产品名称和出具文件的日期等。

（2）备案产品上市销售一年以上证明文件。产品生产国（地区）政府主管部门或者法律服务机构出具的保健食品类似产品上市销售一年以上的证明文件，或者产品境外销售以及人群食用情况的安全性报告。

上市销售一年以上的证明文件，应为在产品生产国（地区）作为保健食品类似产品销售一年以上的证明文件，应载明文件出具机构的名称、备案人名称地址、生产企业名称地址、产品名称和出具文件的日期，应明确标明该产品符合产品生产国（地区）法律和相关技术法规、标准，允许在该国（地区）生产销售。同时提供产品功能作用、食用人群等与申请备案产品声称相对应，保证食用安全的相关材料。

产品出口国（地区）实施批准的，还应当出具出口国（地区）主管部门准许上市销售的证明文件。

（3）产品生产国（地区）或者国际组织与备案保健食品相关的技术法规或者标准原文。境外生产厂商保证向我国出口的保健食品符合我国有关法律、行政法规的规定和食品安全国家标准的要求的说明，以及保证生产质量管理体系有效运行的自查报告。

申请材料涉及提交产品生产企业质量管理体系文件的，应当提交产品生产国（地区）政府主管部门或者政府主管部门指定的承担法律责任的有关部门出具的，符合良好生产质量管理规范的证明文件，应载明出具文件机构名称、产品名称、生产企业名称和出具文件的日期。

（4）检验用样品。备案人应确保检验用样品的来源清晰、可溯源，进口备案产品应为产品生产国（地区）上市销售的产品。

（5）产品在产品生产国（地区）上市的包装、标签说明书实样。应提供与产品生产国（地区）上市销售的产品一致的标签说明书实样及照片，以及经境内公证机构公证、与原文内容一致的中文译本。

（6）由境外备案人常驻中国代表机构办理备案事务的，应当提交《外国企业常驻中国代表机构登记证》扫描件。境外备案人委托境内的代理机构办理备案事项的，应当提交经过公证的委托书原件以及受委托的代理机构营业执照扫描件。委托书应载明备案人、被委托单位名称、产品名称、委托事项及委托书出具日期。

（7）提供生产和销售证明文件、质量管理体系或良好生产规范的证明文件、委托加工协议等证明文件，可以同时列明多个产品。这些产品同时备案时，允许一个产品使用原件，其他产品使用复印件，并书面说明原件所在的备案产品名称；这些产品不同时备案时，一个产品使用原件，其他产品需使用经公证后的复印件，并书面说明原件所在的备案产品名称。

此外，进口保健食品备案材料应符合下列要求：①备案材料应使用中文，外文材料附后。外文证明性文件、外文标签说明书等中文译本应当由中国境内公证机构进行公证，与原文内容一致。②境外机构出具的证明文件、委托书（协议）等应为原件，应使用产品生产国（地区）的官方文字，备案人盖章或法人代表（或其授权人）签字，需经所在国（地区）的公证机构公证和中国驻所在国使领馆确认。证明文件、委托书（协议）等载明有效期的，应在有效期内使用。

2. 保健食品注册

保健食品注册，是指市场监督管理部门根据注册申请人申请，依照法 保健食品的注册
定程序、条件和要求，对申请注册的保健食品的安全性、保健功能和质量可控性等相关申请材料进行系统评价和审评，并决定是否准予其注册的审批过程。保健食品注册范围包括使用保健食品原料目录以外原料（简称"目录外原料"）的保健食品，以及首次进口的保健食品（属于补充维生素、矿物质等营养物质的保健食品除外）。其中首次进口的保健食品，是指非同一国家、同一企业、同一配方申请中国境内上市销售的保健食品。根据注册的类型，保健食品注册又分为新产品注册、延续注册、变更注册及转让技术注册。

1）保健食品注册种类

（1）国产新产品注册申请。国产新产品注册申请是指申请人拟在中国境内生产销售保健食品的注册申请。

申请人的条件是：国产保健食品注册申请人应当是在中国境内登记的法人或者其他组织。

（2）进口新产品注册申请。进口新产品注册申请是指已在中国境外生产销售一年以上的保健食品拟在中国境内上市销售的注册申请。

注册申请人为上市保健食品的境外生产厂商，除按国产产品提交相关材料外，还需要提供：申请人为上市保健食品境外生产厂商的资质证明文件；保健食品上市销售一年以上证明文件，或者产品境外销售以及人群食用情况的安全性报告；产品生产国（地区）或者国际组织与保健食品相关的技术法规或者标准；产品在生产国（地区）上市的包装、标签、说明书实样。

由境外注册申请人常驻中国代表机构办理注册事务的，需要提交《外国企业常驻中国代表机构登记证》及其复印件；境外注册申请人委托境内的代理机构办理注册事项的，需要提交经过公证的委托书原件以及受委托的代理机构营业执照复印件。

2）保健食品注册流程

（1）材料审查。对申请事项属于保健食品注册范围并已完成保健食品注册申请系统填报的，受理机构收到申请材料后，应向注册申请人出具《申请材料签收单》，并在5个工作日内按照注册申请表注明的申请材料清单，逐项对申请材料的完整性和一致性进行审查。

（2）技术审评。受理机构收到申请材料后，材料移交给审评中心，审评中心从审评专家库中随机抽取审评专家，组建专家审查组对申请材料进行审评。对保健食品安全性审评、保健功能审评、生产工艺审评、产品技术要求审评、现场核查和复核检验、综合技术

审评结论及建议等内容展开工作。

（3）行政审查。国家市场监督管理总局自签收审评中心提交的综合审评结论和建议后20个工作日内，对审评程序和结论的合法性、规范性以及完整性进行审查，并作出准予注册或者不予注册的决定。

（4）证书制作。国家市场监督管理总局作出准予注册或者不予注册的决定后，自作出决定之日起3个工作日内，将审批材料移交受理机构。受理机构应在10个工作日内，向注册申请人发出保健食品注册证书或不予注册决定。

（5）信息公开。受理机构向注册申请人发出保健食品注册证书或不予注册决定后，审评中心应通过信息系统将相关产品注册电子信息提交国家市场监督管理总局信息中心。

3）保健食品注册管理

（1）变更注册申请。变更注册申请是指申请人提出变更《保健食品注册证书》及其附件所载明内容的申请。变更注册申请的申请人必须是《保健食品注册证书》持有者。

产品配方原料及其用量等内容不得变更。现行规定、强制性标准等发生改变，导致注册证书及其附件内容不再符合要求的除外。

变更注册申请的类别包括国产保健食品变更注册和进口保健食品变更注册。

变更注册申请的内容包括：改变注册人自身名称（注册人名称变更的，应当由变更后的注册申请人申请变更）、地址的变更；公司吸收合并或新设合并的变更；公司分立成立全资子公司的变更；产品名称的变更；增加保健功能项目的变更；改变产品规格、贮存方法、保质期、辅料、生产工艺及产品技术要求其他内容的变更；更改适宜人群范围，不适宜人群范围，注意事项或食用方法、食用量等。

变更注册申请事项需要依据充分合理，不导致产品安全性、保健功能、质量可控性发生实质性改变。

（2）转让技术注册申请。转让技术注册申请是指《保健食品注册证书》的持有者，将产品生产销售权和生产技术全权转让给受让方，并与其共同申请为受让方核发新的《保健食品注册证书》的行为。

转让技术注册申请包括国产保健食品转让技术注册、进口保健食品在境外转让技术注册、进口保健食品向境内转让技术注册。

转让技术注册申请要求转让方必须是《保健食品注册证书》的持有者。转让合同须经过公证，在境外转让技术注册的还需经过中国驻所在国（受让方所在国）使领馆确认。

保健食品注册人转让技术的，受让方应当在转让方的指导下重新提出产品注册申请。产品技术要求等应当与原申请材料一致。

（3）延续注册申请。保健食品延续注册，是指国家市场监督管理部门根据申请人的申请，按照法定程序、条件和要求，对《保健食品注册证书》有效期届满申请延续的审批过程。

延续注册申请包括国产保健食品延续注册、进口保健食品延续注册。

延续注册申请要求如下：申请延续注册的保健食品其安全性、保健功能和质量可控性要符合相关要求，且注册证书有效期内进行过生产销售。保健食品注册人应当在《保健食品注册证书》有效期届满6个月前申请延续。准予延续注册的，颁发新的《保健食品注册证书》（仍沿用原注册号），同时收回原保健食品原注册证书。

3. 保健食品的备案与注册要求

1）保健食品的原料要求

我国对保健食品的原料和辅料实施严格管理，对保健食品可用原料实行目录管理制度，保健食品原料目录应当包括原料名称、用量及其对应的功效；列入保健食品原料目录的原料只能用于保健食品生产，不得用于其他食品生产，另有规定的除外。2016 年原食药总局发布了《保健食品原料目录（一）》，对营养素补充剂允许应用的原料名称、每日用量和功效作出了规定。2020 年国家市场监督管理总局又发布了《保健食品原料目录营养素补充剂（2020 年版）》，自 2021 年 3 月 1 日起施行。

为规范原料的使用和安全性评价，2002 年原卫生部发布《关于进一步规范保健食品原料管理的通知》，规定了既是食品又是药品的物品名单（87 个）、可用于保健食品的物品名单（114 个）和保健食品禁用物品名单（59 个）。针对保健食品可用菌种，原国家食品药品监督管理局还发布了《可用于保健食品的真菌菌种名单》《可用于保健食品的益生菌菌种名单》。

针对新食品原料，我国也多次发布公告，按照公告批准的使用范围和使用量，明确适用范围包括各类食品或保健食品的，可以在保健食品中正常使用。例如《卫生部关于批准低聚半乳糖等新资源食品的公告》《关于批准番茄籽油等 9 种新食品原料的公告》等。

此外，我国还发布了相关公告禁止使用野生甘草、麻黄草、苁蓉和雪莲及其产品、国家一级和二级保护野生动植物及其产品等作为保健食品成分。

2）保健食品备案产品的辅料要求

关于备案保健食品可用辅料，国家市场监督管理总局于 2019 年发布《保健食品备案产品可用辅料及其使用规定（2019 年版）》，规定了保健食品备案产品可用辅料名单及最大使用量。2021 年国家市场监督管理总局更新辅料名单，发布了《保健食品备案产品可用辅料及其使用规定（2021 年版）》和《保健食品备案产品剂型及技术要求（2021 年版）》，自 2021 年 6 月 1 日起实施。其中明确规定以往发布的版本，与 2021 版公告不符的，以 2021 版为准。2021 年国家市场监督管理总局又发布了关于《辅酶 Q_{10} 等五种保健食品原料备案产品剂型及技术要求》的公告，自 2021 年 6 月 1 日起实施，并发布配套解读，对辅酶 Q_{10}、鱼油、破壁灵芝孢子粉、螺旋藻和褪黑素五种保健食品原辅料的使用、备案产品技术指标、备案产品的范围等进行规定。

此外，国家对备案保健食品中使用包衣预混剂和包埋、微囊化原料制备工艺中使用辅料的要求进行了规定。

3）保健食品的添加剂要求

保健食品中食品添加剂的使用应符合《食品安全国家标准　食品添加剂使用标准》（GB 2760—2024）《关于备案保健食品中允许使用食品用香精的有关通知》等有关规定。在具体实施中，具有普通食品形态的保健食品可按照 GB 2760—2024 中相应类属食品的规定使用食品添加剂，如饮料类保健食品中使用食品添加剂可以参照饮料类的规定执行。胶囊、片剂、丸剂、膏剂等非普通食品形态的保健食品按照相关规定执行。

4）保健食品功能与评价

保健食品允许声称的功能主要依据《保健食品原料目录与保健功能目录管理办法》（国家市场监督管理总局令第 13 号）进行管理，允许声称的保健功能主要有 27 种，包括增强免疫力、对辐射危害有辅助保护功能、改善睡眠、增加骨密度、缓解体力疲劳、对化学性肝损伤有辅助保护功能、提高缺氧耐受力、缓解视疲劳、祛痤疮、祛黄褐斑、改善皮肤水分、改善皮肤油分、辅助降血脂、辅助降血糖、辅助降血压、对胃黏膜有辅助保护功能、抗氧化、辅助改善记忆、促进排铅、清咽、促进泌乳、减肥、改善生长发育、改善营养性贫血、调节肠道菌群、促进消化、通便。

《保健食品原料目录与保健功能目录管理办法》规范了保健食品原料目录和允许保健食品声称的保健功能目录的管理工作。

2018 年原国家食品药品监督管理总局发布《总局关于规范保健食品功能声称标志的公告》，对保健食品功能声称标志有关事项进行了规定，要求"未经人群食用评价的保健食品，其标签说明书载明的保健功能声称前增加'本品经动物实验评价'的字样"。

> **引导问题**
>
> 查找《食品安全国家标准　婴儿配方食品》（GB 10765—2021），请回答婴幼儿配方食品的原料是如何要求的？
>
> _____
>
> _____

（二）婴幼儿配方乳粉产品配方注册

《中华人民共和国食品安全法》规定对婴幼儿配方食品等特殊食品实行严格监督管理，婴幼儿配方乳粉的产品配方应当经国务院食品安全监督管理部门注册，注册时，应当提交配方研发报告和其他表明配方科学性、安全性的材料。

1. 婴幼儿配方乳粉产品配方注册流程

1）申请与受理

申请人将资料提交后，受理机构对于申请材料不齐全或者不符合法定形式的，应当当场或者在 5 个工作日内一次告知申请人需要补正的全部内容，逾期不告知的，自收到申请材料之日起即为受理；受理后 3 个工作日内将申请材料送交审评机构。

2）技术审评

受理机构将申请资料递交审评机构后，审评机构应当自收到受理材料之日起 60 个工作日内根据现场核查报告、抽样检验报告及专家论证形成的专家意见完成技术审评工作，并作出审查结论。

其中现场核查是从核查机构接到审评机构通知之日算起，20 个工作日内完成；抽样检验是从检验机构接受委托之日算起，30 个工作日内完成；境外现场核查和抽样检验的时限要根据境外生产企业的实际情况来确定。

3）行政审批

审评机构认为申请材料真实，产品科学、安全，生产工艺合理、可行和质量可控，技术要求和检验方法科学、合理的，应当提出予以注册的建议。国家市场监督管理总局会在 20 个工作日内对婴幼儿配方乳粉产品配方注册申请作出是否准予注册的决定。

如果审评机构给出不予注册的建议，申请人可自收到不予注册通知之日起20个工作日内向审评机构提出复审。审评机构应当自受理复审申请之日起30个工作日内作出复审决定。

国家市场监督管理总局作出准予注册决定的，受理机构自决定之日起10个工作日内颁发、送达注册证书；作出不予注册决定的，应当说明理由，受理机构自决定之日起10个工作日内发出不予注册决定，并告知申请人享有依法申请行政复议或者提起行政诉讼的权利。

2. 婴幼儿配方乳粉产品配方注册材料

1）申请材料的一般要求

（1）申请人通过国家市场监督管理总局特殊食品安全监督管理司或国家市场监督管理总局食品审评中心网站进入婴幼儿配方乳粉产品配方注册申请系统，按规定格式和内容填写并打印注册申请书。

（2）申请人应当在注册申请书后附上相关申请材料，按照注册申请书中列明的"所附材料"顺序排列。整套申请材料应有详细材料目录，目录作为申请材料首页。

（3）整套申请材料应当装订成册，每项材料应有封页，封页上注明产品名称、申请人名称，右上角注明该项材料名称。各项材料之间应当使用明显的区分标志，并标明各项材料名称或该项材料所在目录中的序号。

（4）申请材料使用A4规格纸张打印（中文用宋体且不得小于4号字，英文不得小于12号字），内容应完整、清楚，不得涂改。

（5）除注册申请书和检验机构出具的检验报告外，申请材料应逐页或骑缝加盖申请人公章或印章，境外申请人无公章或印章的，应加盖驻中国代表机构或境内代理机构公章或印章，公章或印章应加盖在文字处。加盖的公章或印章应符合国家有关用章规定，并具法律效力。

（6）申请材料中填写的申请人名称、地址、法定代表人等内容应当与申请人主体资质证明文件中相关信息一致，申请材料中同一内容（如申请人名称、地址、产品名称等）的填写应前后一致。加盖的公章或印章应与申请人名称一致（驻中国代表机构或境内代理机构除外）。

（7）申请人主体资质证明材料、原辅料的质量安全标准、产品配方、生产工艺、检验报告、标签和说明书样稿及有关证明文件等申请材料中的外文，均应译为规范的中文；外文参考文献（技术文件）中的摘要、关键词及与配方科学性、安全性有关部分的内容应译为规范的中文（外国人名、地址除外）。申请人应当确保译本的真实性、准确性与一致性。

（8）申请人提交补正材料，应按《婴幼儿配方乳粉产品配方审评意见通知书》的要求和内容，将有关项目修改后的完整材料逐项顺序提交，并附《婴幼儿配方乳粉产品配方审评意见通知书》原件或复印件。

（9）申请人应当同时提交申请材料的原件1份、复印件5份和电子版本；审评过程中需要申请人补正材料的，应提供补正材料原件1份、复印件4份和电子版本。复印件和电子版本由原件制作，其内容应当与原件一致，并保持完整、清晰。申请人对申请材料的真实性、完整性、合法性负责，并承担相应的法律责任。

各项申请材料应逐页或骑缝加盖公章或印章后，扫描成电子版上传至婴幼儿配方乳粉产品配方注册申请系统。

2）产品配方首次注册的申请材料要求

产品配方首次注册需提交的申请材料包括：婴幼儿配方乳粉产品配方注册申请书；申请人主体资质证明文件；原辅料的质量安全标准；产品配方；产品配方研发论证报告；生产工艺说明；产品检验报告；研发能力、生产能力、检验能力的证明材料；标签和说明书样稿及其声称的说明、证明材料。

各项材料的具体要求见原国家食品药品监督管理总局于 2017 年发布的《婴幼儿配方乳粉产品配方注册申请材料项目与要求（试行）》，以及国家市场监督管理总局食品审评中心发布的《婴幼儿配方乳粉产品配方注册常见问题与解答》。

依据《市场监管总局关于婴幼儿配方乳粉产品配方注册有关事宜的公告》（2021 年第 10 号），已获注册的产品配方按 2021 版婴幼儿配方食品相关食品安全国家标准申请注册（含变更）的，需提供以下材料：婴幼儿配方乳粉产品配方注册申请书（或变更注册申请书）；配方调整的相关研发论证材料；产品配方；生产工艺说明（注册证书载明工艺发生变化时需提交）；产品检验报告；产品稳定性研究材料；标签样稿。

其中，稳定性研究应结合食品原料（含食品添加剂）的理化性质、产品配方、工艺条件及包装材料等合理设计试验，以保证产品质量安全。具体可参考《婴幼儿配方乳粉产品稳定性研究指南（试行）》。

3. 婴幼儿配方乳粉产品配方注册要求

1）配方与研发

配方组成应按加入量递减顺序列出使用的全部食品原料和食品添加剂。属于复合配料和复配食品添加剂的，标示复合配料和复配食品添加剂的名称，其后加括号按使用量的递减顺序一一标示其全部组成成分（包括包埋壁材等）。

配方用量表中食品原料和食品添加剂用量应按制成 1 000 kg 婴幼儿配方乳粉的量填写，应当列出使用的全部食品原料和食品添加剂的名称、用量和作用；标签配料表中标示的配料均应在配方用量表中填报；对于复合配料、复配食品添加剂和食品添加剂制剂，应提供复合配料、复配食品添加剂、食品添加剂制剂的用量及其各组成成分的用量，复合配料、复配食品添加剂、食品添加剂制剂的用量与其各组成成分的用量总和需一致。

标签上标注的配料表应按《婴幼儿配方乳粉产品配方注册管理办法》《食品安全国家标准　预包装食品标签通则》《食品安全国家标准　食品营养强化剂使用标准》，以及《市场监管总局关于进一步规范婴幼儿配方乳粉产品标签标志的公告》（2021 年第 38 号）等相关规定标注。对于配方组成和配方用量表中后缀 −1，−2……加以区分的原料和食品添加剂，配料表中只标示该原料和食品添加剂的名称，不再标示 −1，−2……。

对研发能力证明材料"营养素在货架期的衰减研究"原则上按照《婴幼儿配方乳粉产品稳定性研究指南（试行）》的要求开展。

新申请企业的研发能力证明材料至少应包括：产品营养素设计值和标签值的确定依据、原料相关营养数据研究、营养素在生产过程中和货架期衰减研究、营养素设计值和标签值检测偏差范围研究，以及配方组成选择依据和用量设计值、配方验证纠偏过程与结果、产品企业内控标准的确定，不应缺项。

2）质量与工艺

按照申请注册产品配方进行三批次商业化试生产的产品，其每一批次的产品检验报告不可以委托不同的检验机构检验。

检验机构出具的产品检验报告至少包括所有有国标方法的检验项目，报告中的所有项目应由同一检验机构出具。检验报告格式上的要求也适用于国外生产企业。

产品检验报告所用的检测方法应符合婴幼儿配方乳粉食品安全国家标准及相关国家标准的规定。国家标准未规定的，申请人应提交检测方法文本及方法学研究与验证材料。进行方法学研究与验证的机构应与出具该项目检测结果的机构一致。产品检验报告中的单项判定除了对国标要求进行判定，还需要对标签明示值进行判定。

3）标签与说明书

标签标注内容包括应标注内容和可选择标注内容。产品名称应使用《通用规范汉字表》中的规范汉字，使用变形/变体汉字的，应不得引起误解或混淆。标注在标签样稿上的图形需核实是否存在《婴幼儿配方乳粉产品配方注册管理办法》第三十四条、《婴幼儿配方乳粉产品配方注册标签规范技术指导原则（试行）》第四条、《市场监管总局关于进一步规范婴幼儿配方乳粉产品标签标志的公告》（2021 年第 38 号）等相关规定中要求不得标注的图形，如含双螺旋结构、妇女婴儿图形等。

4）证明性文件

境外申请人的主体登记证明文件是指通过中华人民共和国海关总署进口婴幼儿配方乳粉境外生产企业注册的，提交进口婴幼儿配方乳粉境外生产企业注册的证明文件复印件。无上述材料的，应提交产品生产国（地区）政府主管部门或者法律服务机构出具的注册申请人为境外生产企业的资质证明文件。

4. 婴幼儿配方乳粉产品配方注册管理

1）产品配方变更注册申请

产品配方变更注册申请材料包括：①婴幼儿配方乳粉产品配方变更注册申请书；②婴幼儿配方乳粉产品配方注册证书及附件复印件；③与变更事项有关的证明材料。

产品配方变更注册申请材料要求包括：①变更注册申请书：变更事项应为产品配方注册证书及附件载明的事项；变更注册的申请人应当是婴幼儿配方乳粉产品配方注册证书的持有者；企业名称变更的，应当由变更后的申请人提出申请。②与变更事项有关的证明材料：境外申请人委托办理变更事项的，参照产品配方注册提交委托相关证明材料；申请人合法有效的主体资质证明文件复印件（如营业执照、组织机构代码和境外申请人注册资质等）。③变更事项的具体名称、理由及依据：申请商品名称变更的，拟变更的商品名应符合相关命名规定；申请企业名称、生产地址名称和法定代表人变更的，应当提交当地政府主管部门出具的相关变更证明材料；申请产品配方变更的，列表标注拟变更和变更后内容。提交变更的必要性、安全性、科学性论证报告。对于影响产品配方科学性、安全性的变更，应当根据实际需要按照首次申请注册要求提交变更注册申请材料。

2）产品配方延续注册申请

产品配方延续注册申请材料包括：①婴幼儿配方乳粉产品配方延续注册申请书；②申请人主体资质证明文件复印件；③企业研发能力、生产能力、检验能力情况；④生产企业质量管理体系自查报告；⑤产品营养、安全方面的跟踪评价情况：包括 5 年内产品生产

（或进口）、销售、监管部门抽检和企业检验情况总结及对产品不合格情况的说明，产品配方上市后人群食用及跟踪评价情况的分析报告，食品原料、食品添加剂等可能含有的危害物质的研究和控制说明；⑥申请人所在地省、自治区、直辖市市场监督管理部门延续注册意见书；⑦婴幼儿配方乳粉产品配方注册证书及附件复印件。

> **引导问题**
>
> 　　查找《食品安全国家标准　特殊医学用途配方食品通则》（GB 29922—2013），请回答适用于 1～10 岁人群的全营养配方食品的营养成分是如何要求的？
> _____
> _____

（三）特殊医学用途配方食品注册

特殊医学用途配方食品的
注册申请和审批

特殊医学用途配方食品注册，是指国家市场监督管理总局根据申请，依照《特殊医学用途配方食品注册管理办法》规定的程序和要求，对特殊医学用途配方食品的产品配方、生产工艺、标签、说明书，以及产品安全性、营养充足性和特殊医学用途临床效果进行审查，并决定是否准予注册的过程。

1. 特殊医学用途配方食品注册流程

1）行政受理

受理机构对申请人提出的特殊医学用途配方食品注册申请，应当根据下列情况分别作出处理。

（1）申请事项依法不需要进行注册的，应当即时告知申请人不受理。

（2）申请事项依法不属于国家市场监督管理总局职权范围的，应当即时作出不予受理的决定，并告知申请人向有关行政机关申请。

（3）申请材料存在可以当场更正的错误的，应当允许申请人当场更正。

（4）申请材料不齐全或者不符合法定形式的，应当当场或者在 5 个工作日内一次告知申请人需要补正的全部内容，逾期不告知的，自收到申请材料之日起即为受理。

（5）申请事项属于国家市场监督管理总局职权范围，申请材料齐全、符合法定形式，或者申请人按照要求提交全部补正申请材料的，应当受理注册申请。

2）技术审评、现场核查、抽样检验

审评机构应当对申请材料进行审查，并根据实际需要组织对申请人进行现场核查、对试验样品进行抽样检验、对临床试验进行现场核查和对专业问题进行专家论证。

（1）现场核查。核查机构应当自接到审评机构通知之日起 20 个工作日内完成对申请人的研发能力、生产能力、检验能力等情况的现场核查，并出具核查报告。核查机构应当通知申请人所在地省级食品安全监督管理部门参与现场核查，省级食品安全监督管理部门应当派员参与现场核查。

（2）对试验样品进行抽样检验。审评机构应当委托具有法定资质的食品检验机构进行抽样检验，检验机构应当自接受委托之日起 30 个工作日内完成抽样检验。

（3）对临床试验进行现场核查。核查机构应当自接到审评机构通知之日起 40 个工作日内完成对临床试验的真实性、完整性、准确性等情况的现场核查，并出具核查报告。

（4）对专业问题进行专家论证。审评机构可以从特殊医学用途配方食品注册审评专家库中选取专家，对审评过程中遇到的问题进行论证，并形成专家意见。

审评机构应当自收到受理材料之日起 60 个工作日内根据核查报告、检验报告及专家意见完成技术审评工作，并作出审查结论。审评过程中需要申请人补正材料的，审评机构应当一次告知需要补正的全部内容。申请人应当在 6 个月内一次补正材料。补正材料的时间不计算在审评时间内。特殊情况下需要延长审评时间的，经审评机构负责人同意，可以延长 30 个工作日，延长决定应当及时书面告知申请人。

审评机构认为申请材料真实，产品科学、安全，生产工艺合理、可行和质量可控，技术要求和检验方法科学、合理的，应当提出予以注册的建议。审评机构提出不予注册建议的，应当向申请人发出拟不予注册的书面通知。申请人对通知有异议的，应当自收到通知之日起 20 个工作日内向审评机构提出书面复审申请并说明复审理由。复审的内容仅限于原申请事项及申请材料。审评机构应当自受理复审申请之日起 30 个工作日内作出复审决定。改变不予注册建议的，应当书面通知注册申请人。

现场核查、抽样检验、复审所需要的时间不计算在审评和注册决定的期限内。

对于申请进口特殊医学用途配方食品注册的，应当根据境外生产企业的实际情况，确定境外现场核查和抽样检验时限。

3）行政审批

国家市场监督管理总局作出准予注册决定的，受理机构自决定之日起 10 个工作日内颁发、送达特殊医学用途配方食品注册证书；作出不予注册决定的，应当说明理由，受理机构自决定之日起 10 个工作日内发出特殊医学用途配方食品不予注册决定，并告知申请人享有依法申请行政复议或者提起行政诉讼的权利。

2. 特殊医学用途配方食品注册材料

1）产品注册申请材料

产品注册申请材料包括以下内容：①特殊医学用途配方食品注册申请书；②产品研发报告和产品配方设计及其依据；③生产工艺材料；④产品标准要求；⑤产品标签、说明书样稿；⑥试验样品检验报告；⑦申请特定全营养配方食品注册，还应当提交临床试验报告；⑧与注册申请相关的证明性文件。

2）申请材料的一般要求

（1）申请人通过国家市场监督管理总局网站进入特殊医学用途配方食品注册申请系统，按规定格式和内容填写并打印国产特殊医学用途配方食品注册申请书、进口特殊医学用途配方食品注册申请书。

（2）申请人应当在注册申请书后附上相关申请材料，相关申请材料中的每项材料应当按照申请书中列明的"所附材料"顺序排列，并将申请材料首页制作为材料目录。整套申请材料应装订成册，并有详细目录。

（3）每项材料应有封页，封页上注明产品名称、申请人名称，右上角注明该项材料名称。各项材料之间应当使用明显的区分标志，并标明各项材料名称或该项材料所在目录中的序号。

（4）申请材料使用 A4 规格纸张打印（中文不得小于四号字，英文不得小于 12 号字），内容应完整、清楚，不得涂改。

（5）除注册申请书和检验机构出具的检验报告外，申请材料应逐页或骑缝加盖申请人公章或印章，公章或印章应加盖在文字处。加盖的公章或印章应符合国家有关用章规定，并具法律效力。

（6）申请材料中填写的申请人名称、地址、法定代表人等内容应当与申请人主体登记证明文件中相关信息一致，申请材料中同一内容（如申请人名称、地址、产品名称等）的填写应前后一致。加盖的公章或印章应与申请人名称一致。申请注册的进口特殊医学用途配方食品，如有英文名称，其英文名称与中文名称应当有对应关系。

（7）申请材料中的外文证明性文件、外文标签说明书，以及外文参考文献中的摘要、关键词及表明产品安全性、营养充足性和特殊医学用途临床效果的内容应译为规范的中文。

（8）申请人应当同时提交申请材料的原件、复印件和电子版本。复印件和电子版本由原件制作，并保持完整、清晰，复印件和电子版本的内容应当与原件一致。申请人对申请材料的真实性负责，并承担相应的法律责任。

3. 特殊医学用途配方食品注册要求

1）产品配方

同一申请人申请注册不同口味特殊医学用途配方食品，产品的食品原料、食品辅料、营养强化剂、食品添加剂、生产工艺等完全相同，仅食用香精、香料不同，按照同一产品注册申请。

特殊医学用途配方食品中使用的食品原料、食品辅料、营养强化剂、食品添加剂的种类及用量应符合相应的食品安全国家标准和（或）有关规定，且配料在产品中的使用应以医学和（或）营养学的研究结果为基础，并具有临床使用依据。不得添加标准中规定的营养素和可选择性成分以外的其他生物活性物质。

申请人应结合产品情况提供能量及产品配方组成的设计依据，产品配方中各配料选择、使用及用量的依据，营养成分种类、来源及含量的确定依据，适用人群的确定依据（包括适用人群范围及产品能够满足目标人群营养需求的依据），食用方法及食用量的确定依据，以及相关临床材料及使用情况等。提供的依据可包括符合相应食品安全国家标准及有关规定的说明，表明产品食用安全性、营养充足性和特殊医学用途临床效果的科学文献资料和试验研究资料等。所提供的资料应与产品配方特点、适用人群等相对应，可包括国内外权威的医学和营养学指南、专家共识等。

营养成分表中的能量及营养成分应标示具体数值，并提供其确定依据。标示值应综合考虑产品配方投料量、原料质量要求、生产工艺损耗、货架期衰减、检验方法、检验结果等因素，其名称、标示单位应与 GB 25596—2010、GB 29922—2013 一致。每 100 g、每 100 mL 和每 100 kJ 产品中的能量及营养成分含量的数值应具有对应关系。需冲调后食用的，若标示了每 100 mL 的能量和营养成分含量，应在备注中标明每 100 mL 冲调液的配制方法。

配料名称应按照相应食品安全国家标准或相关规定进行规范。未使用食品安全国家标准或相关规定名称的，应提供其使用的依据及相关证明材料。

2）标签与说明书

应明确产品的具体摄入途径，若产品需冲调后食用，应标示冲调用水的温度范围、冲调方法和步骤等，并提供确定依据。且应标示"食用方法和食用量应在医生或临床营养师指导下，根据适用人群的年龄、体重和医学状况等综合确定"或类似表述。

为便于医生或临床营养师指导产品使用，早产/低出生体重婴儿配方、蛋白质（氨基酸）组件、碳水化合物组件、电解质配方、母乳营养补充剂等产品应在产品标签、说明书［警示说明和注意事项］项下标示产品即食状态下的渗透压。应提供渗透压的检测报告，并标示"本产品（标准冲调液）的渗透压约为×××，供使用参考"或类似表述。

产品配方中加入量超过2%的配料，应按GB 7718—2011要求规范标示。产品配方中加入量不超过2%的配料，按照蛋白质、脂肪、碳水化合物、维生素、矿物质、可选择性成分、其他成分（如叶黄素）、食品添加剂、其他配料（如可用于食品的菌种）的顺序标示，其中维生素、矿物质等按照营养成分表中的顺序排列。

配方特点或营养学特征可对产品配方特点、配料来源、配料或成分的定量标示（如乳糖含量、中链甘油三酯添加量）、营养学特征（如能量、供能比）等进行描述或说明。描述应结合产品配方、产品类别、临床研究材料、产品标准要求及检测结果等确定，并具有充分的依据。不得使用以下内容：夸大、绝对化的词语（如天然、最优）；具有功能作用的词语，明示或暗示产品具有疾病治疗、预防和保健等作用的词语；误导消费者的词语；对产品使用无指导意义的描述或说明；与产品配方特点和（或）营养学特征无关的内容等。

3）生产工艺

生产工艺中包括热处理工序的，热处理工序应作为确保特殊医学用途配方食品安全的关键控制点。应提供热处理温度、时间等工艺参数的制定依据（如考虑脂肪含量、总固形物含量等产品属性因素对杀菌目标微生物耐热性的影响），并对营养素损失情况进行评价、分析。热处理工序应进行验证，以确保工艺的重现性及可靠性。

生产工艺文本应详细描述产品的商业化生产过程，包括工艺流程、工艺参数、关键控制点等，相关内容应与生产工艺研发结果、工艺验证、商业化实际生产工艺等一致。生产工艺流程图应与生产工艺文本相关内容相符，应包括主要生产工艺步骤、主要工艺参数、各环节的洁净级别及关键控制点等内容。

4）质量安全

试验样品检验报告（包括稳定性试验报告）应注明样品相关信息，包括产品名称、批号、包装规格、生产日期、检验日期等，并明确检验依据及检验结论，检验结论应根据GB 25596—2010或GB 29922—2013、产品标准要求和GB 13432—2013等综合判定。

开展稳定性研究时，申请人应按照《特殊医学用途配方食品稳定性研究要求（试行）》组织开展稳定性研究试验，且应在完成加速试验后提出注册申请。申请人在获得注册证书后，应根据继续进行的稳定性研究结果，对包装、贮存条件和保质期进行进一步的确认，与原注册申请材料相关内容不相符的，应申请变更，如申请保质期变更，拟变更的保质期不应超过长期试验已完成的时间，并应提交完整的长期试验研究报告等材料。

4. 特殊医学用途配方食品注册管理

1) 变更注册申请

变更注册申请的一般材料包括：①特殊医学用途配方食品变更注册申请书；②产品注册证书及其附件复印件；③申请人主体登记证明文件复印件；④变更后的产品标签、说明书，生产工艺材料等与变更事项内容相关的注册申请材料。

申请进口特殊医学用途配方食品变更注册，由境外申请人常驻中国代表机构办理注册事务的，应当提交《外国企业常驻中国代表机构登记证》复印件；境外申请人委托境内代理机构办理注册事项的，应当提交经过公证的授权委托书原件及其中文译本，以及受委托的代理机构营业执照复印件。申请人应当确保译本的真实性、准确性与一致性。

授权委托书中应载明出具单位名称、被委托单位名称、委托申请注册的产品名称、委托事项及授权委托书出具日期。授权委托书的委托方应与申请人名称一致。

申请人名称或地址名称的变更申请，还应提交当地政府主管部门或所在国家（地区）有关机构出具的该申请人名称或地址名称变更的证明性文件。

变更产品配方中作为非营养成分的食品添加剂、标签说明书载明的有关事项，生产工艺再优化等，还须提交变更的必要性、合理性、科学性和可行性资料，变更后产品配方、生产工艺、产品标准要求等未发生实质改变的证明材料。申请特定全营养配方食品和非全营养配方食品产品变更注册，按拟变更后条件生产的三批样品稳定性检验报告。

涉及产品配方、生产工艺等可能影响产品安全性、营养充足性和特殊医学用途临床效果事项的变更，应按新产品注册要求提出变更注册申请。

2) 延续注册申请

特殊医学用途配方食品注册证书有效期届满，需要继续生产或进口的，应当在有效期届满 6 个月前向国家市场监督管理总局提出延续注册申请，并提交以下材料：①特殊医学用途配方食品延续注册申请书；②产品注册证书及其附件复印件；③申请人主体登记证明文件复印件；④特殊医学用途配方食品质量安全管理情况；⑤特殊医学用途配方食品质量管理体系自查报告；⑥特殊医学用途配方食品跟踪评价情况，包括 5 年内产品生产（或进口）、销售、抽验情况总结，对产品不合格情况的说明，以及 5 年内产品临床使用情况及不良反应情况总结等。

产品注册证书及其附件载明事项等内容与上次注册内容相比有改变的，应当注明具体改变内容，并提供相关材料。

申请特定全营养配方食品和非全营养配方食品产品延续注册，提交产品注册申请时承诺继续完成的完整的长期稳定性试验研究材料。

申请进口特殊医学用途配方食品延续注册，由境外申请人常驻中国代表机构办理注册事务的，应当提交《外国企业常驻中国代表机构登记证》复印件；境外申请人委托境内代理机构办理注册事项的，应当提交经过公证的授权委托书原件及其中文译本，以及受委托的代理机构营业执照复印件。申请人应当确保译本的真实性、准确性与一致性。

授权委托书中应载明出具单位名称、被委托单位名称、委托申请注册的产品名称、委托事项及授权委托书出具日期。授权委托书的委托方应与申请人名称一致。

🔘 思政案例

案例 1　未经许可从事食品生产经营，处罚没收违法所得并罚款

某餐饮店于 2019 年 1 月起在某外卖 App 上对外进行网上餐饮服务经营。当事人被核准的经营品种和方式为热食类。在未取得冷食类食品许可的情况下，当事人门店现场经营冷食类食品，涉嫌未经许可从事食品生产经营或食品添加剂生产活动，违反了《中华人民共和国食品安全法》第一百二十二条第一款，未取得食品生产经营许可从事食品生产经营活动。因当事人台账记录和索证索票记录不全、无法查实销售明细，监管部门对其作出没收违法所得、罚款 2 000 元的行政处罚。

案例 2　生产经营禁止生产经营的食品案，处罚没收违法所得并罚款

某食品连锁经营公司经营销售的包装食品中混有异物，涉嫌生产经营腐败变质、油脂酸败、霉变生虫、污秽不洁、混有异物、掺假掺杂或者感官性状异常的食品、食品添加剂。当事人经营销售混有异物的包装食品，上述行为违反了《中华人民共和国食品安全法》第三十四条第（六）项的规定。根据《中华人民共和国食品安全法》第一百二十四条第（四）项的规定，对当事人罚款人民币伍万元整。

🔘 实践训练

一、食品生产许可申请书填写

查找《肉制品生产许可审查细则》等相关资料，填写肉制品生产许可申请书。

食品生产许可申请书

许可类别：□食品
　　　　　□食品添加剂

申请事项：□首次申请
　　　　　□许可变更
　　　　　□许可延续

申请人名称：＿＿＿＿＿＿＿＿＿＿（签字或盖章）＿＿＿＿＿＿

申请日期：　　　　　年　月　日

声　明

按照《中华人民共和国食品安全法》及《食品生产许可管理办法》要求，本申请人提出食品生产许可申请。所填写申请书及其他申请材料内容真实、有效（复印件或者扫描件与原件相符）。

特此声明。

申请人名称	
法定代表人（负责人）	
食品生产许可证编号	（变更、延续申请时填写）
统一社会信用代码	
住所	
生产地址	
联系人		联系电话	
传真		电子邮件	
变更事项	（变更、延续申请时填写）
备注	

（二）产品信息表

序号	食品、食品添加剂类别	类别编号	类别名称	品种明细	备注

注：1. 填写时请参照《食品、食品添加剂分类目录》。

2. 申请食品添加剂生产许可的，食品添加剂生产许可审查细则对产品明细有要求的，填入"备注"列。

3. 生产保健食品、特殊医学用途配方食品、婴幼儿配方食品的，在"备注"列中载明产品或者产品配方的注册号或者备案登记号；接受委托生产保健食品的，还应当载明委托企业名称及住所等相关信息。生产保健食品原料提取物的，应在"品种明细"列中标注原料提取物名称，并在备注列载明该保健食品名称、注册号或备案号等信息；生产复配营养素的，应在"品种明细"列中标注维生素或矿物质预混料，并在"备注"列载明该保健食品名称、注册号或备案号等信息。

（三）食品生产主要设备、设施

设备、设施				
序号	名称	规格/型号	数量	使用场所
检验仪器				
序号	检验仪器名称	精度等级	数量	使用场所

（四）食品安全专业技术人员及食品安全管理人员

序号	姓名	身份证号	职务	文化程度与专业	人员类别	专职/兼职情况
					□专业技术人员 □管理人员	□专职人员 □兼职人员
					□专业技术人员 □管理人员	□专职人员 □兼职人员
					□专业技术人员 □管理人员	□专职人员 □兼职人员
					□专业技术人员 □管理人员	□专职人员 □兼职人员
					□专业技术人员 □管理人员	□专职人员 □兼职人员
					□专业技术人员 □管理人员	□专职人员 □兼职人员
					□专业技术人员 □管理人员	□专职人员 □兼职人员

序号	姓名	身份证号	职务	文化程度与专业	人员类别	专职/兼职情况
					☐专业技术人员 ☐管理人员	☐专职人员 ☐兼职人员
					☐专业技术人员 ☐管理人员	☐专职人员 ☐兼职人员
					☐专业技术人员 ☐管理人员	☐专职人员 ☐兼职人员
					☐专业技术人员 ☐管理人员	☐专职人员 ☐兼职人员
					☐专业技术人员 ☐管理人员	☐专职人员 ☐兼职人员
					☐专业技术人员 ☐管理人员	☐专职人员 ☐兼职人员
					☐专业技术人员 ☐管理人员	☐专职人员 ☐兼职人员

说明：1. 人员可以在内部兼任职务。

2. 同一人员可以是专业技术人员和管理人员双重身份，请据实填写。

（五）食品安全管理制度清单

序号	管理制度名称	文件编号

注：只需要填报食品安全管理制度清单，无须提交制度文本。

根据《食品生产许可管理办法》，申请食品、食品添加剂生产许可，申请人需要提交以下材料：

1. 食品（食品添加剂）生产设备布局图（附后）。

2. 食品（食品添加剂）生产工艺流程图（附后）。

申请特殊食品生产许可，申请人还需要提交以下材料：

1. 特殊食品的生产质量管理体系文件（附后）。

2. 特殊食品的相关注册和备案文件（附后）。

注：1. 特殊食品包括：保健食品、特殊医学用途配方食品、婴幼儿配方食品。

2. 保健食品申请材料可结合《保健食品生产许可审查细则》和监管需要，由各省决定提交全部材料或目录清单。

二、婴幼儿配方乳粉产品注册申请资料填写

（一）国产婴幼儿配方乳粉产品配方注册申请书

填写国产婴幼儿配方乳粉产品配方注册申请书，填写过程中注意避免标志的常见错误。

受理编号：国食注申 YP

受理日期：年月日

国产婴幼儿配方乳粉产品配方
注册申请书

产品名称（中文）××婴儿配方乳粉（0-6月龄，1段）

为不规范的汉字，或是字母、图形、符号等。如含有 A、＋、？等

填表说明

1. 申请人登录国家食品药品监督管理总局网站（www.cfda.gov.cn）或国家食品药品监督管理总局食品审评机构网站（www.bjsp.gov.cn），按规定格式和内容填写并打印本申请书。

2. 本申请书及所有申请材料均须打印。

3. 本申请书内容应完整、清楚、不得涂改。

4. 填写本申请书前，请认真阅读有关法规及申请与受理规定。未按要求申请的产品，将不予受理。

产品情况			
产品名称	商品名称	×××	为不规范的文字
	通用名称	婴儿配方乳粉（0~6月龄，1段）	
适用月龄	0~6月龄		
工艺类别	×××工艺		

申请人情况			
申请人	×公司	与营业执照不一致	
□申请人组织机构代码	×××	填写非有效期内组织机构代码证编号	
□申请人统一社会信用代码	×××	填写非有效期内统一社会信用代码	
法定代表人	张××	与营业执照登记内容不一致	
生产地址	××	不是申请企业的试剂生产场地详细地址，许可证上有省份，未填写省份	
通讯地址	×××	不是实际通讯地址	
电子邮编	×××@×××		
联系人	王×××	联系电话	手机或固定电话
			不是办理注册事务工作人员的真实联系方式及信息
传真	×××	邮编	×××

其他需要说明的问题

（说明产品配方是否为已经上市销售产品的配方，如为已上市销售产品的配方，应当说明产品名称、上市销售时间、销售国家或者区域等情况。）

已上市产品未填报相关信息

申请人承诺书

本产品申请人保证：1. 本申请遵守《中华人民共和国食品安全法》《中华人民共和国食品安全法实施条例》《婴幼儿配方乳粉产品配方注册管理办法》等法律、法规和规章的规定。2. 申请书内容及所附材料均真实、合法，未侵犯他人的权益。其中试验研究的方法和数据均为本产品所采用的方法和由检测本产品得到的试验数据。一并提交的电子文件与打印文件、复印件内容完全一致。如查有不实之处，我们承担由此导致的一切法律后果。

申请人（签章）申请人法定代表人（签字）
年　　月　　日

所附材料（请在所提供材料前的□内打"√"）

□ 1. 婴幼儿配方乳粉产品配方注册申请书；

□ 2. 申请人主体资质证明文件；

□ 3. 原辅料的质量安全标准；

□ 4. 产品配方；

□ 5. 产品配方研发论证报告；

□ 6. 生产工艺说明；

□ 7. 产品检验报告；

□ 8. 研发能力、生产能力、检验能力的证明材料；

□ 9. 说明书和标签样稿及其声称的说明、证明材料

（二）进口婴幼儿配方乳粉产品配方注册申请书填写

填写进口婴幼儿配方乳粉产品配方注册申请书，填写过程中注意避免标志的常见错误。

进口婴幼儿配方乳粉产品配方
注册申请书

产品名称（中文）××婴儿配方乳粉（0-6月龄，1段）

> 为不规范的汉字，或是字母、图形、符号等。如含有 A、+、?等

填表说明

1. 申请人登录国家食品药品监督管理总局网站（www. cfda. gov. cn）或国家食品药品监督管理总局食品审评机构网站（www. bjsp. gov. cn），按规定格式和内容填写并打印本申请书。

2. 本申请书及所有申请材料均须打印。

3. 本申请书内容应完整、清楚、不得涂改。

4. 填写本申请书前，请认真阅读有关法规及申请与受理规定。未按要求申请的产品，将不予受理。

产品情况

产品名称	商品名称	××× 为不规范的文字
	通用名称	婴儿配方乳粉（0~6月龄，1段）
	英文名称	××× 与中文名称没有对应关系
适用月龄		0~6月龄
工艺类别		×××工艺

申请人情况

申请人	中文	填写实际生产企业的中文名称
	英文	填写实际生产企业的名称
申请人国家/地区		填写实际生产企业所在的国家或地区
法定代表人		×××
生产地址		填写申请企业的实际生产场地的详细地址
联系电话		×××

境内申报机构

申报机构名称	填写申报机构营业执照上的注册名称			
法定代表人	张×× —— 与申报机构营业执照填写的不一致			
通讯地址	填写申报机构的详细地址			
电子邮箱	×××@×××			
联系人	李××	联系电话	手机或固定电话	
传真	×××	邮编	×××	

不是办理注册事务工作人员的真实联系方式及信息

其他需要说明的问题

申请人承诺书

　　本产品申请人保证：1. 本申请遵守《中华人民共和国食品安全法》《中华人民共和国食品安全法实施条例》《婴幼儿配方乳粉产品配方注册管理办法》等法律、法规和规章的规定。2. 申请书内容及所附材料均真实、合法，未侵犯他人的权益。其中试验研究的方法和数据均为本产品所采用的方法和由检测本产品得到的试验数据。一并提交的电子文件与打印文件、复印件内容完全一致。如查有不实之处，我们承担由此导致的一切法律后果

　　　　　申请人（签章）申请人法定代表人（签字）
　　　　　　　　　年　　月　　日

境内申报机构（签章）境内申报机构法定代表人（签字）

年月日

所附材料（请在所提供材料前的□内打"√"）

□ 1. 婴幼儿配方乳粉产品配方注册申请书；

□ 2. 申请人主体资质证明文件；

□ 3. 原辅料的质量安全标准；

□ 4. 产品配方；

□ 5. 产品配方研发论证报告；

□ 6. 生产工艺说明；

□ 7. 产品检验报告；

□ 8. 研发能力、生产能力、检验能力的证明材料；

□ 9. 说明书和标签样稿及其声称的说明、证明材料。

 项目测试

单选题

1.（　　　　）变化不需要提出变更申请。

　　A. 食品类别变更　　　　　　　　　B. 设备布局和工艺流程变更

　　C. 食品生产者名称　　　　　　　　D. 食品生产者的生产场所迁址

2. 新申请 SC 时不需要提报的资料有（   ）。

　　A. 食品生产设备布局图和食品生产工艺流程图

　　B. 周围环境平面图和功能间布局图

　　C. 食品生产主要设备、设施清单

　　D. 食品生产许可申请书

3. 进口保健食品的备案人可以是（   ）。

　　A. 国内生产企业　　　　　　　　B. 上市保健食品境外生产商

　　C. 上市保健食品境外经销　　　　D. 任何企业都可以

4. 注册类保健食品产品，根据生产工艺研究结果，应开展不少于（   ）批中试以上生产规模的生产工艺验证。

　　A. 1　　　　　　　B. 2　　　　　　　C. 3　　　　　　　D. 4

5. 在婴幼儿配方乳粉配方注册中注册证书有效期届满需要延续的，申请人应当在注册证书有效期届满（   ）个月前提出延续注册申请。

　　A. 6　　　　　　　B. 5　　　　　　　C. 3　　　　　　　D. 12

6. 在婴幼儿配方乳粉配方注册中注册材料受理机构是（   ）。

　　A. 国家药品监督管理局行政事项受理服务和投诉举报中心

　　B. 国家市场监督管理总局食品审评中心

　　C. 国家药品监督管理局行政受理服务大厅

　　D. 国家市场监督管理总局

7. 在特殊医学用途配方食品注册中需要注册的特殊医学用途配方食品的产品形态为（   ）。

　　A. 液态　　　　　　B. 粉末　　　　　　C. 液态或粉末　　　D. 胶囊

8. 在特殊医学用途配方食品注册审评过程中需要补正材料的，申请人应当在（   ）个月内一次性补正材料。

　　A. 1　　　　　　　B. 3　　　　　　　C. 4　　　　　　　D. 6

9. 食品经营主体业态分为（   ）。

　　A. 食品销售经营者　　　　　　　B. 餐饮服务经营者

　　C. 单位食堂　　　　　　　　　　D. 以上全部

10. 申请食品经营许可，企业需要配备（   ）食品安全管理人员。

　　A. 专职　　　　　　B. 兼职　　　　　　C. 专职或兼职　　　D. 无须配备

知识拓展

1.《食品生产许可管理办法》

2.《食品经营许可和备案管理办法》

3.《食品生产许可审查通则》

4.《保健食品注册与备案管理办法》

5.《婴幼儿配方乳粉产品配方注册管理办法》

6.《特殊医学用途配方食品注册管理办法》

项目三 食品生产经营过程合规管理

预习导图

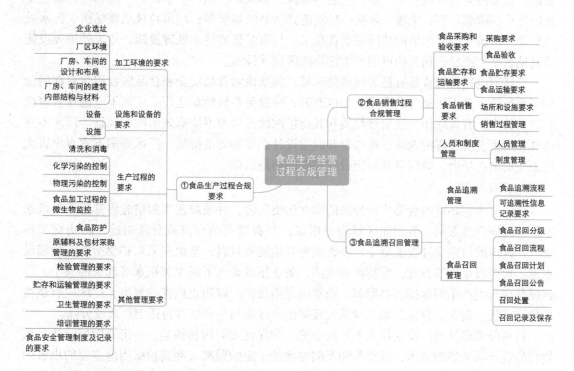

基础知识

一、食品生产过程合规要求

引导问题

查找《食品安全国家标准　饮料生产卫生规范》（GB 12695—2016），请回答饮料生产企业如何进行清洁作业区、准清洁作业区和一般作业区的划分？

_____

_____

（一）加工环境的要求

1. 企业选址

建厂需要考虑的因素很多，企业往往会处在一种被动的环境中作出选择，但是仍要保证以食品安全为前提。

污染源的类型主要包括化学的、生物的、物理的、放射性物质及粉尘等其他扩散性污染源。显著污染的区域：工、农、生活污染源，如煤矿、钢厂、水泥厂、炼铝厂、有色金属冶炼厂、磷肥厂等；土壤、水质、环境遭到污染的场所等；城市垃圾填埋场所、污水处理厂等。不属于显著污染的情况是指食品工厂自带配套的污水处理设施、垃圾处理等设施及其他食品生产经营相关的可能产生污染的区域或设施。

厂区不应选择对食品有显著污染的区域，如某地对食品安全和食品宜食用性存在明显的不利影响，且无法通过采取措施加以改善，应避免在该地址建厂。厂区不应选择有害废弃物及粉尘、有害气体、放射性物质和其他扩散性污染源不能有效清除的地址。厂区不宜选择易发生洪涝灾害的地区，难以避开时应设计必要的防范措施。厂区周围不宜有虫害大量滋生的潜在场所，难以避开时应设计必要的防范措施。

2. 厂区环境

企业应考虑环境给食品生产带来的潜在污染风险，并采取适当的措施将其降至最低水平。厂区应合理布局，各功能区域划分明显，并有适当的分离或分隔措施，防止交叉污染。厂区内的道路应铺设混凝土、沥青或者其他硬质材料；空地应采取必要措施，如铺设水泥、地砖或草坪等方式，保持环境清洁，防止正常天气下扬尘和积水等现象的发生。厂区绿化应与生产车间保持适当距离，植被应定期维护，以防止虫害的滋生。厂区应有适当的排水系统。宿舍、食堂、职工娱乐设施等生活区应与生产区保持适当距离或分隔。

针对分期建设的厂房往往有大片的空地，为保证无泥污和扬尘，一定要做好绿化。植物优先选择易清理的灌木，绿化带和车间要保持一定的距离（距离根据当地主要的虫害问题进行风险评估来确定），不要种植易产生气味和花粉的植被（尤其是针对分装物料的生产企业，会有异物混入的风险，需考虑如何在后道工序进行剔除），同时也不要种植有毒的植物。平时要对绿化植被定期进行修剪，建议控制在 10 cm 左右，如过高会有虫害滋生。

3. 厂房、车间的设计和布局

厂房和车间的内部设计和布局应满足食品卫生操作要求，避免食品生产中发生交叉污染。厂房和车间的设计应根据生产工艺合理布局，预防和降低产品受污染的风险。厂房内设置的检验室应与生产区域分隔。

厂房和车间应根据产品特点、生产工艺、生产特性以及生产过程对清洁程度的要求合理划分作业区，并采取有效分离或分隔。例如，通常可划分为清洁作业区、准清洁作业区和一般作业区；或清洁作业区和一般作业区等。一般作业区应与其他作业区域分隔。

清洁作业区：如灌装区、内包装间等清洁度要求最高的作业区。准清洁作业区包括加工调理场所（如配料）等清洁度要求次于清洁作业区的作业区域。一般作业区包括验收场所（如原奶收购）、原料处理场所（蔬菜水果的挑选等）、原料仓库和材料仓库等清洁度要求次于准清洁作业区的作业区域。

不同洁净度等级的区域在设置的时候要注意防止交叉污染，如高污染的卫生间门不能正对原辅料库门、车间门；卫生间排气排臭装置不要正对着车间门口、进风口；卫生间的排污和车间的排污系统不能共用。

厂房的面积和空间应与生产能力相适应，便于设备安置、清洁消毒、物料存贮及人员操作。车间要保证有足够的空间，以避免三个方面的问题发生：人与人避免交叉污染、人与设备避免安全问题、设备与设备避免卫生死角。

4. 厂房、车间的建筑内部结构与材料

材料与涂料的共性要求：无毒、无味、易于清洁、消毒。内部结构易于维护、清洁或消毒，采用耐用材料。顶棚易于清洁、消毒，与生产需求相适应。墙壁使用无毒、无味的防渗透材料建造，光滑、不易积累污垢。门窗闭合严密，使用不透水、坚固、不变形的材料制成。门窗不适宜选择竹木材质，有产生异物的风险。不同洁净度之间的门是单向门，可通过加设闭门器或者弹簧开关来进行控制，以避免长时间开启。地面使用不渗透、耐腐蚀的材料，平坦防滑、无裂缝。根据企业的特点选择合适的材料。

墙壁、隔断和地面交界处应结构合理、易于清洁，能有效避免污垢积存。例如设置漫弯形交界面等，不建议做直角设计。合适的环境可以有效规避食品生产加工过程中的交叉污染，降低食品安全管理和产品质量管理的难度与成本。

> **引导问题**
>
> 查找《食品安全国家标准　食品生产通用卫生规范》（GB 14881—2013），食品生产企业需要配备哪9类设施呢？
>
> _____
>
> _____

（二）设施和设备的要求

1. 设备

1）生产设备

企业应配备与生产能力相适应的生产设备，并按工艺流程有序

设备和设施的要求

排列，避免引起交叉污染。

（1）设备材质要求。与原料、半成品、成品接触的设备与用具，应使用无毒、无味、抗腐蚀、不易脱落的材料制作，并应易于清洁和保养。设备、工器具等与食品接触的表面应使用光滑、无吸收性、易于清洁保养和消毒的材料制成，在正常生产条件下不会与食品、清洁剂和消毒剂发生反应，并应保持完好无损。

（2）设备设计要求。所有生产设备应从设计和结构上避免零件、金属碎屑、润滑油或其他污染因素混入食品，并应易于清洁消毒、易于检查和维护。设备应不留空隙地固定在墙壁或地板上，或在安装时与地面和墙壁间保留足够空间，以便清洁和维护。

2）监控设备

用于监测、控制、记录的设备，如压力表、温度计、记录仪等，应定期校准、维护。食品生产企业生产线监控应当避免使用水银温度计，以免破损后造成玻璃异物污染以及汞化学污染。

3）设备的保养和维修

企业应建立设备保养和维修制度，加强设备的日常维护和保养，定期检修，及时记录。

2. 设施

1）供水设施

企业应能保证水质、水压、水量及其他要求符合生产需要。

食品加工用水的水质应符合《生活饮用水卫生标准》（GB 5749—2022）的规定，对加工用水水质有特殊要求的食品应符合相应要求，如纯净水应符合《瓶装饮用纯净水》（GB 17323—1998）的要求，间接冷却水、锅炉用水等食品生产用水的水质应符合生产需要。食品加工用水与其他不与食品接触的用水（如间接冷却水、污水或废水等）应以完全分离的管路输送，避免交叉污染。各管路系统应明确标志以便区分，即不能用同一管道输送。自备水源及供水设施应符合有关规定。供水设施中使用的涉及饮用水卫生安全产品还应符合国家相关规定。

处理水质涉及的设备、材料包括在饮用水生产和供水过程中，与饮用水直接接触的输配水设备（管材、管件、蓄水容器、供水设备）、水处理材料（活性炭、离子交换树脂、活性氧化铝等）、化学处理剂（絮凝剂、助凝剂、消毒剂阻垢剂）统称为"涉水产品"，涉水产品的使用应符合《涉及饮用水卫生安全产品分类目录》《新消毒产品和新涉水产品卫生行政许可管理规定》，以及《关于利用新材料、新工艺和新化学物质生产的涉及饮用水卫生产品判定依据的通告》等相关规定的要求。

2）排水设施

排水系统的设计和建造应保证排水畅通、便于清洁维护；应适应食品生产的需要，保证食品及生产、清洁用水不受污染。

排水系统入口应安装带水封的地漏等装置，以防止固体废弃物进入及浊气逸出。排水系统出口应有适当措施以降低虫害风险。室内排水的流向应由清洁程度要求高的区域流向清洁程度要求低的区域，且应有防止逆流的设计。

污水在排放前应经适当方式处理，以符合国家污水排放的相关规定。污水排放应符合《污水综合排放标准》（GB 8978—1996）等排放标准的要求。

3）清洁消毒设施

应配备足够的食品、工器具和设备的专用清洁设施，必要时应配备适宜的消毒设施。应采取措施避免清洁、消毒工器具带来的交叉污染。

4）废弃物存放设施

应配备设计合理、防止渗漏、易于清洁的存放废弃物的专用设施；车间内存放废弃物的设施和容器应标志清晰。必要时应在适当地点设置废弃物临时存放设施，并依废弃物特性分类存放。废弃物贮存设施应加盖，防止交叉污染。

5）个人卫生设施

个人卫生设施包括更衣室、鞋靴设施、卫生间、洗手及消毒设施等，各类设施均有要求。

生产场所或生产车间入口处应设置更衣室；必要时特定的作业区入口处可按需要设置更衣室。更衣室应保证工作服与个人服装及其他物品分开放置。

生产车间入口及车间内必要处，应按需设置换鞋（穿戴鞋套）设施或工作鞋靴消毒设施。如设置工作鞋靴消毒设施，其规格尺寸应能满足消毒需要。工作鞋靴消毒池的大小应与所在区域匹配，要通过长和宽的设置来进行限制人员出入，为保证消毒彻底要保证消毒水有足够的深度。为方便清理可设置排水装置。

应根据需要设置卫生间，卫生间的结构、设施与内部材质应易于保持清洁；卫生间内的适当位置应设置洗手设施。卫生间不得与食品生产、包装或贮存等区域直接连通。

应在清洁作业区入口设置洗手、干手和消毒设施；如有需要，应在作业区内适当位置加设洗手和（或）消毒设施；与消毒设施配套的水龙头其开关应为非手动式，如脚踏式的，肘动式或者感应式的。洗手设施的水龙头数量应与同班次食品加工人员数量相匹配，必要时应设置冷热水混合器。洗手池应采用光滑、不透水、易清洁的材质制成，其设计及构造应易于清洁消毒。应在临近洗手设施的显著位置标示简明易懂的洗手方法。

根据对食品加工人员清洁程度的要求，必要时应可设置风淋室、淋浴室等设施。干手器和风淋室不能作为日常生活用电器来进行管理，需定期清洁，防止洗手后受到二次污染。

6）通风设施

应具有适宜的自然通风或人工通风措施；必要时应通过自然通风或机械设施有效控制生产环境的温度和湿度。通风设施应避免空气从清洁度要求低的作业区域流向清洁度要求高的作业区域。

应合理设置进气口位置，进气口与排气口和户外垃圾存放装置等污染源保持适宜的距离和角度。进、排气口应装有防止虫害侵入的网罩等设施。通风排气设施应易于清洁、维修或更换。

若生产过程需要对空气进行过滤净化处理，应加装空气过滤装置并定期清洁。根据生产需要，必要时应安装除尘设施。

7）照明设施

厂房内应有充足的自然采光或人工照明，光泽和亮度应能满足生产和操作需要；光源应使食品呈现真实的颜色。如需在暴露食品和原料的正上方安装照明设施，应使用安全型照明设施或采取防护措施。

车间或工作地应有充足的自然采光或人工照明。车间采光系数不应低于标准Ⅳ级；检验场所工作面混合照度不应低于 540 lx；加工场所工作面不应低于 220 lx；其他场所一般不应低于 110 lx。推荐企业安装防爆灯，安装防爆的 LED 灯，可以不安装防护罩。

8）仓贮设施

企业应具有与所生产产品的数量、贮存要求相适应的仓贮设施。

仓库应以无毒、坚固的材料建成；仓库地面应平整，便于通风换气。仓库的设计应能易于维护和清洁，防止虫害藏匿，并应有防止虫害侵入的装置。

原料、半成品、成品、包装材料等应依据性质的不同分设贮存场所或分区域码放，并有明确标志，防止交叉污染。如原料、半成品码放在一起会造成交叉污染。必要时仓库应设有温度、湿度控制设施。

贮存物品应与墙壁、地面保持适当距离，以利于空气流通及物品搬运。物料需要离地、离墙、离顶贮存，离地离墙离顶存放物料是为了防潮、防止交叉污染、便于清扫，使物料处于一个相对均匀的环境条件中。

清洁剂、消毒剂、杀虫剂、润滑剂、燃料等物质应分别安全包装，明确标志，并应与原料、半成品、成品、包装材料等分隔放置，即企业应单独设立化学品库。

9）温控设施

应根据食品生产的特点，配备适宜的加热、冷却、冷冻等设施，以及用于监测温度的设施。根据生产需要，可设置控制室温的设施。

引导问题

查找《食品安全国家标准　糕点、面包卫生规范》（GB 8957—2016），糕点、面包生产企业生产过程控制中产品污染的主要风险点有哪些？

_____

_____

（三）生产过程的要求

生产过程的食品安全控制包括清洗和消毒、化学污染的控制、物理污染的控制、食品加工过程的微生物监控、食品防护 5 个方面。

生产过程的食品安全控制

1. 清洗和消毒

企业应根据原料、产品和工艺的特点，针对生产设备和环境制定有效的清洁消毒制度，降低微生物污染的风险。清洁消毒制度应包括以下内容：清洁消毒的区域、设备或器具名称；清洁消毒工作的职责；使用的洗涤、消毒剂；清洁消毒方法和频率；清洁消毒效果的验证及不符合的处理；清洁消毒工作及监控记录。

食品用消毒剂指直接用于消毒食品、餐饮具以及直接接触食品的工具、设备或者食品包装材料和容器的物质。食品用消毒剂供应商应办理相应的生产许可或国产涉及饮用水卫生安全产品卫生行政许可等，生产食品消毒剂应当符合《中华人民共和国传染病防治法》等法律法规、标准和技术规范的要求。消毒剂的原料应符合《食品用消毒剂原料（成分）名单（2009 版）》，不得使用名单之外的原料。食品接触面所使用的消毒剂应符合《食品安全国家标准　消毒剂》（GB 14930.2—2012）要求，符合该标准的消毒剂产品在产品或最小销售包装上有"食品接触用"标示，即通常说的食品级消毒剂。不同消毒剂应符合国家标准或技术规范等，如《食品安全国家标准　食用酒精》（GB 31640—2016）。消毒剂的使用应符合技术规范，必要的情况下应做效果验证。使用的洗涤剂及消毒剂需符合《食品安全国家标准　洗涤剂》（GB 14930.1—2022）及《食品安全国家标准　消毒剂》（GB 14930.2—2012）要求。具体清洁消毒产品及其供应商信息可在全国消毒产品网上备案信息服务平台查询。

企业应确保实施清洁消毒制度，如实记录，及时验证消毒效果，发现问题及时纠正。制定并执行相关前提方案 PRP、操作性前提方案 OPRP 中清洗和消毒要求，对人员、设备、生产环境卫生指标进行有效控制。

2. 化学污染的控制

在控制化学污染方面，应对可能污染食品的原料带入、加工过程中使用、污染或产生的化学物质等因素进行分析，如重金属、农兽药残留、持续性有机污染物、卫生清洁用化学品和实验室化学试剂等。针对产品加工过程的特点制定化学污染控制计划和控制程序，如对清洁消毒剂等专人管理，定点放置，清晰标志，做好领用记录等。

企业应建立防止化学污染的管理制度，分析可能的污染源和污染途径，制定适当的控制计划和控制程序。应当建立食品添加剂和食品工业用加工助剂的使用制度，按照《食品安全国家标准　食品添加剂使用标准》（GB 2760—2024）的要求使用食品添加剂。不得在食品加工中添加食品添加剂以外的非食用化学物质和其他可能危害人体健康的物质。建立清洁剂、消毒剂等化学品的使用制度。除清洁消毒必需和工艺需要外，不应在生产场所使用和存放可能污染食品的化学制剂。食品添加剂、清洁剂、消毒剂等均应采用适宜的容器妥善保存，且应明显标示、分类贮存；领用时应准确计量、做好使用记录。应当关注食品在加工过程中可能产生有害物质的情况，鼓励采取有效措施减低其风险。

食品添加剂必须经过验收合格后方可使用。采购食品添加剂应当查验供货者的许可证和产品合格证明文件。运输食品添加剂的工具和容器应保持清洁、维护良好，并能提供必要的保护，避免污染食品添加剂。食品添加剂的贮藏应有专人管理，定期检查质量和卫生情况，及时清理变质或超过保质期的食品添加剂。仓库出货顺序应遵循先进先出的原则，必要时应根据食品添加剂的特性确定出货顺序。食品添加剂进入生产区域时应有一定的缓冲区域或外包装清洁措施。在食品的生产过程中使用食品添加剂的产品质量及食品添加剂的使用范围和使用量应符合其产品执行标准和《食品安全国家标准　食品添加剂使用标准》（GB 2760—2024）等规定的要求。

3. 物理污染的控制

物理污染可通过建立防止异物污染的管理制度，以及设置一些有效的措施避免，如采取设备维护、卫生管理、现场管理、外来人员管理、加工过程监督、筛网设置、捕集器安装、磁铁和金属检查器安装等。设施设备进行现场维修、维护及施工等工作时，应采取适当措施。

针对车间用品，建议企业采购经久耐用的或可金属探测的，如企业可以购买可金属探测的笔和创可贴等，来减少物理污染的风险。

易碎品是物理污染的重要来源。易碎品指的是玻璃、易碎塑料、陶瓷制品及由其他易碎材料制成的物品，包括门窗玻璃、灯管灯罩、检测玻璃容器、人员眼镜、塑料板夹、签字笔等。针对易碎品的管控，建议企业建立易碎品管控制度，建立易碎品台账，定期巡检记录来杜绝易碎品对生产过程的污染。具体的措施如涉及裸露物料区域的窗户玻璃进行贴膜，易碎品喷码编号管理，购买可金属探测的工具等。

4. 食品加工过程的微生物监控

微生物监控包括环境微生物监控和加工过程微生物监控。

监控指标主要以指示微生物（如菌落总数、大肠菌群、霉菌、酵母菌或其他指示菌）为主，配合必要的致病菌。监控对象包括食品接触表面、与食品或食品接触表面邻近的接触表面、加工区域内的环境空气、加工中的原料、半成品，以及产品、半成品经过工艺杀菌后微生物容易繁殖的区域。

环境监控接触表面通常以涂抹取样为主，空气监控主要为沉降取样，检测方法应基于监控指标进行选择，参照相关项目的标准检测方法进行检测。监控结果应依据企业积累的监控指标限值进行评判环境微生物是否处于可控状态，环境微生物监控限值可基于微生物控制的效果及对产品食品安全性的影响来确定。当卫生指示菌监控结果出现波动时，应当评估清洁、消毒措施是否失效，同时应增加监控的频次。如检测出致病菌时，应对致病菌进行溯源，找出致病菌出现的环节和部位，并采取有效的清洁、消毒措施，预防和杜绝类似情形发生，确保环境卫生和产品安全。

食品加工过程的微生物监控程序应包括：微生物监控指标、取样点、监控频率、取样和检测方法、评判原则和整改措施等，具体可参照《食品安全国家标准 食品生产通用卫生规范》（GB 14881—2013）附录食品加工过程的微生物监控程序指南的要求，结合生产工艺及产品特点制定。食品加工过程的微生物监控结果应能反映食品加工过程中对微生物污染的控制水平。

为确保产品微生物符合要求，用于加工和生产用水须达到《生活饮用水卫生标准》（GB 5749—2022），根据实际生产需要及监管要求，确定自测项目如余氯含量、pH 值及微生物指标，必要时还需有官方认可的水质检测报告。

其他生物危害可通过原料带入，可通过选择合格信用良好的供应商，签订承诺书、质量保证合同，入库时进行质量验收等措施来进行控制。

5. 食品防护

食品生产企业应强化风险意识，做好风险评估，建立防护计划，加强食品安全保障，防止人为或非客观因素意外影响食品安全的情况发生。企业应成立食品防护小组，加强应急处置能力建设，定期开展食品防护演练，提高全员风险意识和食品防护能力。

（1）做好有效隔离。在场地设计时将不安全因素通过物理屏障有效隔离，并区分不同层级的敏感、重点区域，将相关人员限制在指定区域活动。

（2）严格进货查验记录制度，防止其在存贮、运输、交货等过程中被人为故意污染。

（3）确保用水安全。企业自备的水源应由专人负责，封闭管理，防止蓄意破坏。

（4）严格仓库管理，原辅料、包装材料及成品等物料贮藏区域、留样区等区域应实行封闭管理，严格控制人员流动，非本区域工作人员不得随意进出。贮存库要指定人员负责，实施货物和人员出入库管理，落实出入库记录制度。

（5）严格有毒有害物质管理。严格杀虫剂、清洁剂、消毒液等化学品的管理，避免对人身、食品、设备、工具造成污染。上述物品应设立专门的贮存场所，与加工区域有效隔离，指定人员负责，并实施入库、领用管理。

（6）严格过程管理。应对货物进出库、加工投配料过程、灌装过程等实施双人复核。企业可安装视频监控系统，对运输工具移动、人员进出等实时监控，确保监控系统持续有效工作，并妥善保存监控视频录像资料。

（7）严格追溯管理。依照《中华人民共和国食品安全法》的规定，建立食品安全追溯体系，建立进货销售记录管理制度，发现问题能够查找、分析问题并及时追溯和召回。

（8）加强人员管理。加强员工培训，提高防范意识；严管关键人员，加强对关键环节员工的监督管理，必要时，同一关键岗位应至少安排两人同时操作。

引导问题

食品生产企业如何对原料进行管理？

（四）其他管理要求

1. 原辅料及包材采购管理的要求

食品原料必须符合相应的食品安全国家标准，禁止使用非食品原料和不符合食品安全国家标准的原料生产食品。食品原料必须确保由合格的供应商提供，落实查验相应的资质和合规证明，同时也需要按要求实施进货查验与检验。

食品原料必须经过验收合格后方可使用，验收不合格的原料应有相应的处理措施，至少包含不合格的原料进行分区放置和有明显的标记、不合格原料的处置等，在原料验收的过程中应对原料进行感官检验，如无法或很难断定时也可以进行理化、微生物等检验，指标发生异常的应立即停止使用。

采购食品接触材料、清洗剂、消毒剂等食品相关产品应当查验产品的合格证明文件，实行许可管理的食品相关产品还应查验供货者的许可证。食品相关产品必须经过验收合格后方可使用。

食品企业需要对采购的食品原料、辅料、包装材料等相关产品实施预防式管理，确保由有资质的合格供应商提供，并查验合格供货证明，无法提供合格证明文件的需要由企业依据食品安全标准落实进货查验与检验，必须确保合格后方可使用。

企业必须设立不合格品区域，若发现验收不合格的原辅包材料，应在指定区域与合格品分开放置，做好明显标记，并及时做好退、换货等处理。

2. 检验管理的要求

企业应通过自行检验或委托具备相应资质的食品检验机构对原辅料和包材、半成品及成品进行检验，建立食品出厂检验记录制度。

成品的检验安全管理

（1）企业应建立食品原料、食品添加剂和食品相关产品的进货查验制度；所用食品原料、食品添加剂和食品相关产品涉及生产许可管理的，必须采购获证产品并查验供货者的产品合格证明。对无法提供合格证明的原料，要制定原料检验控制要求，应当按照食品安全标准进行检验。

（2）半成品检验方面，依据相应类别的生产技术规范，制定检验项目、抽样计划及检验方法，对生产过程进行检验，确认其品质合格后方可进入下道工序。

（3）成品检验方面，企业应结合相应类别的食品生产许可审查细则、执行标准、食品安全监督抽检计划、产品自身风险等综合制定检验项目、检验标准、抽样计划及检验方法，确保产品经检验合格后方可出厂。

自行检验应具备与所检项目适应的检验室和检验能力；由具有相应资质的检验人员按规定的检验方法检验；检验仪器设备应按期检定或校准。检验室应有完善的管理制度，妥善保存各项检验的原始记录和检验报告。应建立产品留样制度，及时保留样品。

应综合考虑产品特性、工艺特点、原料控制情况等因素合理确定检验项目和检验频次以有效验证生产过程中的控制措施。净含量、感官要求以及其他容易受生产过程影响而变化的检验项目的检验频次应大于其他检验项目。

同一品种不同包装的产品，不受包装规格和包装形式影响的检验项目可以一并检验。如同样的内容物分别灌装进 A、B 两种容器中，在灌装前对内容物进行的食盐和水分的测试指标可以共用，不用在灌装后对其进行再次测试。

3. 贮存和运输管理的要求

食品企业应对食品的贮存与运输条件及环境实施管理，防止食品在贮存与运输过程发生食品安全风险。

食品原料仓库应设专人管理，建立和执行适当的仓贮制度，定期检查质量和卫生情况，及时清理变质或超过保质期的食品原料。仓库出货顺序应遵循先进先出的原则，必要时应根据不同食品原料的特性确定出货顺序。

企业需要根据食品的特点和卫生需要选择适宜的贮存和运输条件，必要时应配备保温、冷藏、保鲜等设施。不得将食品与有毒、有害、或有异味的物品一同贮存运输。应建立和执行适当的仓贮制度，发现异常应及时处理。贮存、运输和装卸食品的容器、工器具和设备应当安全、无害，保持清洁，降低食品污染的风险。贮存和运输过程中应避免日光直射、雨淋、显著的温湿度变化和剧烈撞击等，防止食品受到不良影响。

食品出厂后到销售前需要温度控制的冷链物流过程应符合基本要求、交接、运输配送、贮存等方面的要求和管理准则，强化对食品冷链物流过程中温度的控制。对温度的限值作了具体规定：需温湿度控制的食品在物流过程中应符合其标签标示或相关标准规定的温湿度要求；需冷冻的食品在运输、贮存过程中温度不应高于 $-18℃$。

4. 卫生管理的要求

卫生管理包含厂房及设施卫生管理、食品加工人员健康管理与卫生要求、虫害控制、废弃物处理、工作服管理等。

1）厂房及设施卫生管理

厂房内各项设施应保持清洁，出现问题及时维修或更新。厂房地面、屋顶、天花板及墙壁有破损时，应及时修补。生产、包装、贮存等设备及工器具、生产用管道、裸露食品接触表面等应定期清洁消毒。

2）食品加工人员健康管理与卫生要求

企业应建立并执行食品加工人员健康管理制度。食品加工人员每年应进行健康检查，取得健康证明，上岗前应接受卫生培训。食品加工人员如患有痢疾、伤寒、甲型病毒性肝炎、戊型病毒性肝炎等消化道传染病，以及患有活动性肺结核、化脓性或者渗出性皮肤病等有碍食品安全的疾病，或有明显皮肤损伤未愈合的，应当调整到其他不影响食品安全的工作岗位。

食品加工人员卫生要求包括：进入食品生产场所前应整理个人卫生，防止污染食品；进入作业区域应规范穿着洁净的工作服，并按要求洗手、消毒；头发应藏于工作帽内或使用发网约束；进入作业区域不应佩戴饰物、手表，不应化妆、染指甲、喷洒香水；不得携带或存放与食品生产无关的个人用品；使用卫生间、接触可能污染食品的物品或从事与食品生产无关的其他活动后，再次从事接触食品、食品工器具、食品设备等与食品生产相关的活动前应洗手消毒。

3）虫害控制

企业应保持建筑物完好、环境整洁，防止虫害侵入及滋生，制定和执行虫害控制措施，并定期检查。生产车间及仓库应采取有效措施（如纱帘、纱网、防鼠板、防蝇灯、风幕等），防止鼠类昆虫等侵入。企业应准确绘制虫害控制平面图，标明捕鼠器、粘鼠板、灭蝇灯、室外诱饵投放点、生化信息素捕杀装置等放置的位置。挡鼠板要保证有 60 cm 高，有 10°～15°的倾角或者直角皆可，要保证与墙面和地面的距离少于 0.6 cm，同理防盗门、应急门的缝隙也要少于 0.6 cm。厂区应定期进行除虫灭害工作，若发现有虫鼠害痕迹时，应追查来源，消除隐患。

企业采用物理、化学或生物制剂进行处理时，不应影响食品安全和食品应有的品质，不应污染食品接触表面、设备、工器具及包装材料。使用各类杀虫剂或其他药剂前，应做好预防措施，避免对人身、食品、设备工具造成污染；不慎污染时，应及时将被污染的设备、工具彻底清洁，消除污染。除虫灭害工作应有相应的记录。

4）废弃物处理

企业应制定废弃物存放和清除制度，有特殊要求的废弃物其处理方式应符合有关规定。企业应定期清除废弃物，易腐败的废弃物应及时清除。提高易腐败废弃物的清除频率。车间外废弃物放置场所应与食品加工场所隔离，以防止污染，应防止不良气味或有害有毒气体逸出并防止虫害滋生。

5）工作服管理

企业应根据食品的特点及生产工艺的要求配备专用工作服，如衣、裤、鞋靴、帽和发网等，必要时还可配备口罩、围裙、套袖、手套等。企业应制定工作服的清洗保洁制度，必要时应及时更换；生产中应注意保持工作服干净完好。工作服的设计、选材和制作应适应不同作业区的要求，降低交叉污染食品的风险；企业应合理选择工作服口袋的位置、使用的连接扣件等，降低内容物或扣件掉落污染食品的风险。

5. 培训管理的要求

食品生产企业应建立食品生产相关岗位的培训制度，对食品加工人员及相关岗位的从业人员进行相应的食品安全知识培训。应通过培训促进各岗位从业人员遵守食品安全相关法律法规标准和增强各项食品安全管理制度的意识和责任，提高相应的知识水平。

企业应根据食品生产不同岗位的实际需求，制定和实施食品安全年度培训计划并进行考核，做好培训记录。应定期审核和修订培训计划，评估培训效果，并进行常规检查，以确保培训计划的有效实施。

（1）培训内容：应包括食品安全法律法规和标准；食品安全管理制度；食品卫生及消毒知识；食品从业人员健康知识；食品安全基础知识及控制要求、岗位操作规程、关键控制点、食品安全防护、追溯和召回制度等。

（2）培训形式：可根据企业的情况开展集中培训、点对点培训、现场教学培训、老带新培训、岗位培训、线上培训等。

（3）培训效果的验证：可采取问答、笔试、比赛、演讲、实操演练等方法。

当食品安全相关的法律法规标准更新时，应及时开展培训。许多食品标准在发布的时候都留有一定的缓冲期，企业在这期间可以进行合规性排查，并对员工进行针对性培训，方便后期具体工作的开展。

6. 食品安全管理制度及记录的要求

企业应制定必要的管理文件，食品安全管理体系文件系统包括手册、作业指导书、制度、程序文件、记录等标准化的文本，是食品企业开展食品质量管理和安全保证的基础。食品企业生产过程管理必须有良好的文件系统支持。文件系统能够避免信息由口头交流所可能引起的差错，并保证批生产和质量控制全过程的记录具有可追溯性。

食品企业需要建立明确的食品安全管理制度。管理制度在内容上至少应涵盖以下 15 个方面的生产经营活动的管理规定：采购及采购验证、产品防护、生产过程控制、检验管理、不合格品管理、消费者投诉受理、不安全食品召回、食品安全自查、食品安全事故处置、企业人员岗位设置及职责要求、从业人员培训、从业人员健康管理、企业档案管理、设备维修与保养、食品安全风险监测信息收集。

企业应确保各相关场所使用的文件均为有效版本。鼓励采用先进技术手段（如电子计算机信息系统）进行记录和文件管理。食品安全管理制度与生产规模、工艺技术水平、食品的种类特性相适应；需根据生产实际和实施经验不断完善。

同时，企业应建立记录制度，对食品生产中采购、加工、贮存、检验、销售等环节详细记录。记录内容应完整、真实，确保对产品从原料采购到产品销售的所有环节都可进行有效追溯。企业应如实记录食品原料、食品添加剂和食品包装材料等食品相关产品的名称、规格、数量、供货者名称及联系方式、进货日期等内容。应如实记录食品的加工过程（包括工艺参数、环境监测等）、产品贮存情况及产品的检验批号、检验日期、检验人员、检验方法、检验结果等内容。应如实记录出厂产品的名称、规格、数量、生产日期、生产批号、购货者名称及联系方式、检验合格单、销售日期等内容。应如实记录发生召回的食品名称、批次、规格、数量、发生召回的原因及后续整改方案等内容。食品原料、食品添加剂和食品包装材料等食品相关产品进货查验记录、食品出厂检验记录应由记录和审核人员复核签名，记录内容应完整。记录保存期限不得少于产品保质期满后 6 个月；没有明确保质期的，保存期限不得少于 2 年。

二、食品销售过程合规要求

引导问题

采购鲜肉、冷却肉、冻肉、食用副产品时有什么要求？

（一）食品采购和验收要求

1. 采购要求

采购食品应依据国家相关规定查验供货者的许可证和食品合格证明文件，并建立合格供应商档案。实行统一配送经营方式的食品经营企业，可以由企业总部统一查验供货者的许可证和食品合格证明文件，进行食品进货查验记录。

采购散装食品所使用的容器和包装材料应符合国家相关法律法规及标准的要求；采购散装熟食制品的，还应当查验挂钩生产单位签订合作协议（合同）。

采购鲜肉、冷却肉、冻肉、食用副产品时应查验供货者的《动物防疫条件合格证》等资质证件；鲜肉、冷却肉、冻肉、食用副产品应有动物检疫合格证明和动物检疫标志。

采购进口食品，还应当查看海关出具的入境货物检验检疫证明，应做到每一批次货证相符。新型冠状肺炎疫情期间，进口冷链食品还应具有新冠病毒核酸检测报告和预防性消毒证明。

2. 食品验收

1）基本要求

应依据国家相关法律法规及标准，对食品进行符合性验证和感官抽查（包括包装、食品标签、保质期、感官性状等），对有温度控制要求的食品应进行运输温度和食品的温度测定；应尽可能缩短冷冻（藏）食品的验收时间，减少其温度变化。

新型冠状肺炎疫情等特殊时期，冷链食品进口商或货主应当配合相关部门对食品及其包装进行采样检测，食品经营者应当主动向供应商索取相关食品安全和防疫检测信息。

2）文件查验和记录

食品经营者应查验食品合格证明文件，并留存相关证明；验收鲜肉、冷却肉、冻肉、食用副产品时，应检查动物检疫合格证明、动物检疫标志等，采购猪肉的，还应查验肉品品质检验合格证明和及非洲猪瘟病毒检测报告。食品相关文件应属实且与食品有直接对应关系；具有特殊验收要求的食品，需按照相关规定执行。

如实记录食品的名称、规格、数量、生产日期、保质期、进货日期，以及供货者的名称、地址及联系方式等信息；记录、票据等文件应真实，保存期限不得少于食品保质期满后 6 个月；没有明确保质期的，保存期限不得少于 2 年。

食品验收合格后方可入库；不符合验收标准的食品不得接收，应单独存放，做好标记并尽快处理。

引导问题

冷链食品运输有什么要求？

_____

_____

（二）食品贮存和运输要求

1. 食品贮存要求

1）场所和设施要求

贮存场所应保持完好、环境整洁，与有毒、有害污染源有效分隔，距离粪坑、污水池、暴露垃圾场（站）、旱厕等污染源25 m以上。贮存场所地面应做到硬化，平坦防滑并易于清洁、消毒，并有适当的措施防止积水。应有良好的通风、排气装置，保持空气清新无异味，避免日光直接照射。

对温度、湿度有特殊要求的食品，应确保贮存设备、设施满足相应的食品安全要求，冷藏库或冷冻库外部具备便于监测和控制的设备仪器，并定期校准、维护，确保准确有效。温度传感器或温度记录仪应放置在最能反映食品温度或者平均温度的位置，建筑面积大于100 m²的冷库，温度传感器或温度记录仪数量不少于2个。

贮存设备、工具、容器等应保持卫生清洁，并采取有效措施（如纱帘、纱网、防鼠板、防蝇灯、风幕等）防止鼠类昆虫等侵入。

2）贮存管理

不同品种、规格、批次的产品应分别堆垛，防止串味和交叉污染。需冷冻的食品贮存环境温度应不高于−18℃，需冷藏的食品贮存环境温度应为0~10℃；对于有相对湿度要求的食品，还应满足相应的相对湿度贮存要求。贮存的食品应与库房墙壁和地面间距不少于10 cm，防止虫害藏匿并利于空气流通。

生食与熟食等容易交叉污染的食品应采取适当的分隔措施，固定存放位置并明确标志。贮存散装食品时，应在贮存位置标明食品的名称、生产日期、保质期、生产者名称及联系方式等内容。

应遵循先进先出的原则，定期检查库存食品，及时处理变质或超过保质期的食品。应记录食品进库、出库时间和贮存温度及其变化。

若发现有鼠类昆虫等痕迹时，应追查来源，消除隐患。采用物理、化学或生物制剂进行虫害消杀处理时，不应影响食品安全，不应污染食品接触表面、设备、工具、容器及包装材料；不慎污染时，应及时彻底清洁，消除污染。清洁剂、消毒剂、杀虫剂等物质应分别包装，明确标志，并与食品及包装材料分隔放置。

当食品冷链物流关系到公共卫生事件时，应加强对货物转运存放区域、冷库机房的清洁消毒频次，并做好记录。具体清洁消毒措施可参考国家有关部门发布的冷链食品生产经营过程新冠病毒防控消毒技术指南。

2. 食品运输要求

1）基本要求

运输食品应使用专用运输工具，并具备防雨、防尘设施。根据食品安全相关要求，运输工具应具备相应的冷藏、冷冻设施或预防机械性损伤的保护性设施等，并保持正常运行。运输工具和装卸食品的容器、工具和设备应保持清洁和定期消毒。当食品冷链物流关系到公共卫生事件时，应增加对运输工具的厢体内外部、运输车辆驾驶室等的清洁消毒频次，并做好记录。

食品运输工具不得运输有毒有害物质，防止食品污染。运输过程操作应轻拿轻放，避免食品受到机械性损伤。同一运输工具运输不同食品时，应做好分装、分离或分隔，防止交叉污染。

2）冷链食品运输

运输工具应具备相应的冷藏、冷冻设施，保障食品在运输过程中应符合保证食品安全所需的温度等特殊要求。应严格控制冷藏、冷冻食品装卸货时间，装卸货期间食品温度升高幅度不超过3℃。冷链食品装货前应对运输工具进行检查，根据食品的运输温度对厢体进行预冷，并应在运输开始前达到食品运输需要的温度；运输过程中的温度应实时连续监控，记录时间间隔不宜超过10 min，且应真实准确；需冷冻的食品在运输过程中温度不应高于 − 18℃；需冷藏的食品在运输过程中温度应为0~10℃。

3）肉及肉制品运输要求

鲜肉及新鲜食用副产品装运前应冷却到室温，在常温条件下运输时间不应超过2 h；冷却肉及冷藏食用副产品装运前应将产品中心温度降低至0~4℃，运输过程中箱体内温度应保持在0~4℃；运输鲜片肉时应有吊挂设施，采用吊挂方式运输的，产品间应保持适当距离，产品不能接触运输工具的底部；头、蹄（爪）、内脏等应使用不渗水的容器装运，未经密封包装的胃、肠与心、肝、肺、肾不应盛装在同一容器内，鲜肉、冷却肉、冻肉、食用副产品应采取适当的分隔措施，不能使用运送活体畜禽的运输工具运输肉和肉制品；装卸肉应严禁脚踏和产品落地。

4）散装食品运输要求

散装食品应采用符合国家相关法律法规及标准的食品容器或包装材料进行密封包装后运输，防止运输过程中受到污染。

5）委托运输

委托运输食品的，应当选择具有合法资质的运输服务提供者，查验其资质情况、食品安全保障能力，并留存相关证明文件。食品经营者委托贮存、运输食品的，应当对受托方的食品安全保障能力进行审核，并监督受托方按照保证食品安全的要求贮存、运输食品。

引导问题

销售散装食品有什么要求？

_____

_____

（三）食品销售要求

1. 场所和设施要求

应具有与经营食品品种、规模相适应的销售场所。销售场所应布局合理，食品经营区域与非食品经营区域分开设置，生食区域与熟食区域分开，待加工食品区域与直接入口食品区域分开，经营水产品的区域应与其他食品经营区域分开，防止交叉污染。

应具有与经营食品品种、规模相适应的销售设施和设备。与食品表面接触的设备、工具和容器，应使用安全、无毒、无异味、防吸收、耐腐蚀且可承受反复清洗和消毒的材料制作，易于清洁和保养。

销售场所的建筑设施、温度湿度控制、虫害控制的要求参照"食品贮存"的相关规定。应配备设计合理、防止渗漏、易于清洁的废弃物存放专用设施，必要时应在适当地点设置废弃物临时存放设施，废弃物存放设施和容器应标志清晰并及时处理。

如需在裸露食品的正上方安装照明设施，应使用安全型照明设施或采取防护措施。

2. 销售过程管理

1）易腐食品销售

肉、蛋、奶、速冻食品等容易腐败变质的食品应建立相应的温度控制等食品安全控制措施并确保落实执行。鲜肉、冷却肉、冻肉、食用副产品与肉制品应分区或分柜销售；冷却肉、冷藏食用副产品及需冷藏销售的肉制品应在 0~4℃ 的冷藏柜内销售，冻肉、冷冻食用副产品及需冷冻销售的肉制品应在 −15℃ 及其以下的温度的冷冻柜销售，并做好温度记录。对所销售的肉及肉制品应检查并核对其保质期和卫生情况，及时发现问题；发现异常的，应停止销售。销售未经密封包装的直接入口肉制品时，应佩戴符合相关标准的口罩和一次性手套；销售未经密封包装的肉和肉制品时，为避免产品在选购过程中受到污染，应配备必要的卫生防护措施，如一次性手套等。

2）散装食品销售

销售散装食品，应在散装食品的容器、外包装上标明食品的名称、成分或者配料表、生产日期、保质期、生产经营者名称及联系方式等内容。散装食品标注的生产日期应与生产者在出厂时标注的生产日期一致。散装熟食制品还应当标明保存条件和温度；保质期不超过 72 h 的，应当标注到小时，并采用 24 h 制标注。散装食品应有明显的区域或隔离措施，生鲜畜禽、水产品与散装直接入口食品应有一定距离的物理隔离。直接入口的散装食品应当有防尘防蝇等设施，直接接触食品的工具、容器和包装材料等应当具有符合食品安全标准的产品合格证明，直接接触食品的从业人员应当具有健康证明。应当采取相关措施避免消费者直接接触直接入口的散装食品。

3）销售过程中分装

在经营过程中包装或分装的食品，不得更改原有的生产日期和延长保质期。包装或分装食品的包装材料和容器应无毒、无害、无异味，应符合国家相关法律法规及标准的要求。

4）特殊食品销售

普通食品不得与特殊食品、药品混放销售。普通食品与特殊食品之间、与药品之间应当有明显的隔离标志或保持一定距离摆放。保健食品销售、特殊医学用途配方食品销售、婴幼儿配方食品销售的，应当在经营场所划定专门的区域或柜台、货架摆放、销售；应当分别设立提示牌，注明"×××销售专区（或专柜）"字样，提示牌为绿底白字，字体为黑体，字体大小可根据设立的专柜或专区的空间大小而定。特殊医学用途配方食品中特定全营养配方食品不得进行网络交易。

5）临期食品销售

超市、商场等食品经营者应对临近保质期的食品分类管理，作特别标示或者集中陈列出售。对超过保质期食品及时进行清理，并采取停止经营、单独存放等措施，主动退出市场。

6）特殊时期的进口冷链食品销售

新型冠状肺炎疫情等特殊时期，进口冷链食品应专区（专柜）赋码销售。

7）禁止销售的情形

食品经营者不应当销售国家法规中明文禁止销售的食品（《中华人民共和国食品安全法》第三十四条）。当发现经营的食品不符合食品安全标准时，应立即停止经营，并有效、准确地通知相关生产经营者和消费者，并记录停止经营和通知情况。应配合相关食品生产经营者和食品安全主管部门进行相关追溯和召回工作，避免或减轻危害。针对所发现的问题，食品经营者应查找各环节记录、分析问题原因并及时改进。

8）销售宣传

食品广告或宣传的内容应当真实合法，不得含有虚假或误导性内容。对在贮存、运输、食用等方面有特殊要求的食品，应在网上刊载的食品信息中予以说明和提示。网络销售保健食品还应当显著标明"本品不能代替药物"。

9）促销

经营者开展促销活动，应当真实准确，清晰醒目标示活动信息，不得利用虚假商业信息、虚构交易或者评价等方式作虚假或者引人误解的商业宣传，欺骗、误导消费者。在促销活动中提供的奖品或者赠品必须符合国家有关规定。

10）销售记录

从事食品批发业务的经营企业销售食品，应如实记录批发食品的名称、规格、数量、生产日期或者生产批号、保质期、销售日期以及购货者名称、地址、联系方式等内容，并保存相关票据。记录和凭证保存期限不得少于食品保质期满后 6 个月；没有明确保质期的，保存期限不得少于 2 年。通过自建网站交易食品的生产经营者应当记录、保存食品交易信息，保存时间不得少于产品保质期满后 6 个月；没有明确保质期的，保存时间不得少于 2 年。

引导问题

食品经营企业应制定哪些食品安全管理制度？

_____

_____

（四）人员和制度管理

1. 人员管理

1）人员配备

食品经营企业应配备食品安全专业技术人员、管理人员，但不应聘用符合《中华人民共和国食品安全法》第一百三十五条规定的禁止从业情形的人员。各岗位人员应熟悉食品安全的基本原则和操作规范，并有明确职责和权限报告经营过程中出现的食品安全问题。管理人员应具有必备的知识、技能和经验，能够判断潜在的危险，采取适当的预防和纠正措施，确保有效管理。

2）人员培训

食品经营企业应建立相关岗位的培训制度和培训计划，对从业人员进行相应的食品安全知识培训；经考核不具备食品安全管理能力的，不得上岗。

3）人员卫生

食品经营人员应当保持个人卫生，经营食品时，应当将手洗净，穿戴清洁的工作衣、帽等；使用卫生间、接触可能污染食品的物品后，再次从事接触食品、食品工具、容器、食品设备、包装材料等与食品经营相关的活动前，应洗手消毒；在食品经营过程中，不应饮食、吸烟、随地吐痰、乱扔废弃物等；接触直接入口或不需清洗即可加工的散装食品时应戴口罩、手套和帽子，头发不应外露。

4）人员健康

食品经营者应当建立并执行从业人员健康管理制度，患有国务院卫生行政部门规定的有碍食品安全疾病（见《有碍食品安全的疾病目录》）的人员，不得从事接触直接入口食品的工作。从事接触直接入口食品工作的食品生产经营人员应当每年进行健康检查，取得健康证明后方可上岗工作。新型冠状肺炎疫情等特殊时期，对冷链食品从业人员的健康管理和防护要求，可参考国家有关部门发布的冷链食品生产经营新型冠状肺炎病毒防控技术指南等有关文件。

2. 制度管理

食品安全管理制度应与经营规模、设备设施水平和食品的种类特性相适应，应根据经营实际和实施经验不断完善食品安全管理制度。食品安全管理制度应当包括：从业人员健康管理制度和培训管理制度、食品安全管理员制度、食品安全自检自查与报告制度、食品经营过程与控制制度、场所及设施设备清洗消毒和维修保养制度、进货查验和查验记录制度、食品贮存管理制度、废弃物处置制度、食品安全突发事件应急处置方案、食品销售记录制度等，进口商还应建立进口和销售记录制度，境外出口商或境外生产企业审核制度。

应对文件进行有效管理，确保各相关场所使用的文件均为有效版本。

三、食品追溯召回管理

引导问题

为实现产品可追溯，企业应当记录的基本信息有哪些？

_____

_____

（一）食品追溯管理

追溯的类别按照追溯的方向可分为正向追踪和反向溯源。正向追踪的定义是从供应链的上游至下游，跟随追溯单元运行路径的能力。反向溯源的定义是从供应链的下游至上游，识别追溯单元来源的能力。不论是正向追踪还是反向溯源，目的在于做到风险可控。

1. 食品追溯流程

追溯的过程其实就是信息记录追查的过程，一定要做到及时、全面、准确。

模拟追溯时，通过产品标签或者生产计划单来选择合适批次的成品或者原辅包材，假设其出现食品安全或者质量问题，设置追溯的起点，通过对原辅包、生产过程、成品相关记录进行追溯来找出问题成品或者原辅包材的去向并进行控制，同时找出问题发生的缘由，并针对性地制定纠正/预防措施。具体流程见图3-1。

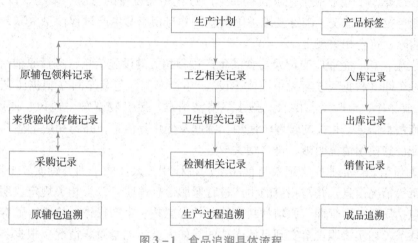

图3-1 食品追溯具体流程

2. 可追溯性信息记录要求

企业应当记录的基本信息包括产品信息、原辅材料信息、生产信息、销售信息等内容。

（1）产品信息。企业应当记录生产的食品相关信息，包括产品名称、执行标准及标准内容、生产日期、生产批号、配料、生产工艺、标签标示等。情况发生变化时，记录变化的时间和内容等信息。应当将使用的食品标签实物同时存档。

（2）原辅材料信息。企业应当建立食品原料、食品添加剂和食品包装材料等食品相关产品进货查验记录制度，如实记录原辅材料名称、规格、数量、生产日期或生产批号、保质期、进货日期及供货者名称、地址、负责人姓名、联系方式等内容，并保存相关凭证。企业根据实际情况，原则上确保记录内容上溯原辅材料前一直接来源和产品后续直接接收者，鼓励最大限度地将追溯链条向上游原辅材料供应及下游产品销售环节延伸。

（3）生产信息。企业应当记录生产过程质量安全控制信息。主要包括：一是原辅材料入库、贮存、出库、生产使用等相关信息；二是生产过程相关信息（包括工艺参数、环境监测等）；三是成品入库、贮存、出库、销售等相关信息；四是生产过程检验相关信息，主要有产品的检验批号、检验日期、检验方法、检验结果及检验人员等内容，包括原始检验数据并保存检验报告；五是出厂产品相关信息，包括出厂产品的名称、规格、数量、生产日期、生产批号、检验合格单、销售日期、联系方式等内容。

企业要根据不同类别食品的原辅材料、生产工艺和产品特点等,确定需要记录的具体信息内容,作为企业生产过程控制规范,并在生产过程中严格执行。企业对相关内容调整时,应记录调整的相关情况。

原辅材料、半成品和成品贮存应符合相关法律、法规与标准等规定,需冷藏、冷冻或其他特殊条件贮存的,还应当记录贮存的相关信息。

(4)销售信息。企业应当建立食品出厂检验记录制度,查验出厂食品的检验合格证和安全状况,如实记录食品的名称、规格、数量、生产日期或生产批号、保质期、检验合格证号、销售日期及购货者名称、地址、负责人姓名、联系方式等内容,并保存相关凭证。

(5)设备信息。企业应当记录与食品生产过程相关设备的材质、采购、设计、安装、使用、监测、控制、清洗、消毒及维护等信息,并与相应的生产过程信息关联,保证设备使用情况明晰,符合相关规定。

(6)设施信息。企业应当记录与食品生产过程相关的设施信息,包括原辅材料贮存车间、预处理车间(根据工艺有无单设或不设)、生产车间、包装车间(根据工艺有无单设或不设)、成品库、检验室、供水、排水、清洁消毒、废弃物存放、通风、照明、仓贮、温控等设施基本信息,相关的管理、使用、维修及变化等信息,并与相应的生产过程信息关联,保证设施使用情况明晰,符合相关规定。

(7)人员信息。企业应当记录与食品生产过程相关人员的培训、资质、上岗、编组、在班、健康等情况信息,并与相应的生产过程履职信息关联,符合相关规定。明确人员各自职责,包括质量安全管理、原辅材料采购、技术工艺、生产操作、检验、贮存等不同岗位、不同环节,切实将职责落实到具体岗位的具体人员,记录履职情况。根据不同类别食品生产企业特点,确定关键岗位,重点记录负责人的相关信息。

(8)召回信息。企业应当建立召回记录管理制度,如实记录发生召回的食品名称、批次、规格、数量、来源、发生召回原因、召回情况、后续整改方案、控制风险和危害等内容,并保存相关凭证。

(9)处置信息。企业应当建立召回食品处理工作机制,记录对召回食品进行无害化处理、销毁的时间、地点、人员、处理方式等信息,食品安全监管部门实施现场监督的,还应当记录相关监管人员基本信息,并保存相关凭证。企业可依法采取补救措施、继续销售的,应当记录采取补救措施的时间、地点、人员、处理方式等信息,并保存相关凭证。

(10)投诉信息。企业应当建立客户投诉处理机制,对客户提出的书面或口头意见、投诉,如实记录相关食品安全、处置情况等信息,并保存相关凭证。

引导问题

食品企业对召回的不安全食品应采取哪些处置措施?

_____

_____

（二）食品召回管理

1. 食品召回分级

根据食品安全风险的严重和紧急程度，食品召回分为三级：一级召回、二级召回和三级召回。

（1）一级召回。食用后已经或者可能导致严重健康损害甚至死亡的，食品生产者应当在知悉食品安全风险后24 h内启动召回，并向县级以上地方市场监督管理部门报告召回计划。实施一级召回的食品生产者，应当自公告发布之日起10个工作日内完成召回工作。

（2）二级召回。食用后已经或者可能导致一般健康损害。食品生产者应当在知悉食品安全风险后48 h内启动召回，并向县级以上地方市场监督管理部门报告召回计划。实施二级召回的食品生产者应当自公告发布之日起20个工作日内完成召回工作。

（3）三级召回。标签、标志存在虚假标注的，食品生产者应当在知悉食品安全风险以后，72 h内启动召回，并向县级以上地方市场监督管理部门报告召回计划。标签、标志存在瑕疵，食用后不会造成健康损害的食品，食品生产者应当改正，可以自愿召回。实施三级召回的食品生产者应当自公告发布之日起30个工作日内完成召回工作。情况复杂的，经县级以上地方市场监督管理部门同意，食品生产者可以适当延长召回时间并公布。

食品召回程序

2. 食品召回流程

依据《中华人民共和国食品安全法》及《食品召回管理办法》，食品召回的流程主要包括停止生产经营、召回和处置三个环节。

食品生产经营者发现其生产经营的食品属于不安全食品的，应当立即停止生产经营，采取通知或者公告的方式告知相关生产经营者，停止生产经营，消费者停止食用，并采取必要的措施防控食品安全风险。食品生产经营者未依法停止生产经营不安全食品的，县级以上市场监督管理部门可以责令其停止生产经营不安全食品。

食品集中交易市场的开办者、食品经营柜台的出租者、食品展销会的举办者，发现食品经营者经营的食品属于不安全食品的，应当及时采取有效措施，确保相关经营者停止经营不安全食品。

网络食品交易第三方平台提供者发现网络食品经营者经营的食品属于不安全食品的，应当依法采取停止网络交易，平台服务等措施，确保网络食品经营者停止经营不安全食品。食品生产经营者生产经营的不安全食品未销售给消费者，尚处于其他生产经营者控制中的食品生产经营者，应当立即追回不安全食品，并采取必要的措施消除风险。

3. 食品召回计划

食品生产者应该在实施召回前，按照《食品召回管理办法》要求制订食品召回计划，并提交县级以上地方市场监督管理部门评估。食品召回计划的内容应包括：①食品生产者的名称、住所、法定代表人、具体负责人、联系方式等基本情况；②食品名称、商标、规格、生产日期、批次、数量及召回的区域范围；③召回原因及危害后果；④召回等级、流程及时限；⑤召回通知或者公告的内容及发布方式；⑥相关食品生产经营者的义务和责任；⑦召回食品的处置措施、费用承担情况；⑧召回的预期效果。

4. 食品召回公告

食品生产者应该在实施召回前发布食品召回公告。食品召回公告应根据不安全食品销售范围确定公告发布的媒体。不安全食品在本省、自治区、直辖市销售的，食品召回公告应当在省级市场监督管理部门网站和省级主要媒体上发布。不安全食品在两个以上省、自治区、直辖市销售的，食品召回公告应当在国家市场监督管理总局网站和中央主要媒体上发布。

食品召回公告的内容应包括：①食品生产者的名称、住所、法定代表人、具体负责人、联系电话、电子邮箱等；②食品名称、商标、规格、生产日期、批次等；③召回原因、等级、起止日期、区域范围；④相关食品生产经营者的义务和消费者退货及赔偿的流程。

5. 召回处置

根据不安全食品的不安全程度，对召回的不安全食品应采取补救、无害化处理、销毁等处置措施。

（1）补救。对因标签、标志等不符合食品安全标准而被召回的食品，食品生产者可以在采取补救措施且能保证食品安全的情况下继续销售，销售时应当向消费者明示补救措施。

（2）无害化处理。对不安全食品进行无害化处理，能够实现资源循环利用的，食品生产经营者可以按照国家有关规定进行处理。

（3）销毁。对违法添加非食用物质、腐败变质、病死畜禽等严重危害人体健康和生命安全的不安全食品，食品生产经营者应当立即就地销毁。

6. 召回记录及保存

《食品召回管理办法》对召回记录及保存有明确规定：食品生产经营者应当如实记录停止生产经营、召回和处置不安全食品的名称、商标、规格、生产日期、批次、数量等内容。记录保存期限不得少于 2 年。

◎ 思政案例

案例 1 某公司经营标注虚假生产日期、保质期及超过保质期的食品、未建立食品进货查验记录制度被罚

某公司在明知产品已超过保质期的情况下擅自将产品包装上的标签撕掉，重新加贴含有新的日期标示的标签。当事人的上述行为违反了《中华人民共和国食品安全法》第三十四条第（十）项的规定。依据《中华人民共和国食品安全法》第一百二十四条第一款第（五）项和《中华人民共和国行政处罚法》第二十三条的规定，责令当事人改正，罚款人民币 10 万元整。

同时当事人存在未建立进货查验记录制度，未如实记录食品名称、数量、进货日期以及供货者名称、地址、联系方式等内容，也未保存产品的采购凭证，违反了《中华人民共和国食品安全法》第五十三条第二款的规定。根据《中华人民共和国食品安全法》第一百二十六条第一款第（三）项的规定，责令当事人改正，并警告。

案例 2 某商行经营无中文标签的进口预包装食品被罚

市场监督管理部门对某商行现场检查发现，当事人正在经营无中文标签的进口预包装

食品，包括葡萄酒、啤酒、矿泉水等。经查，当事人于 2019 年 5 月至 2020 年 11 月间，经营无中文标签的进口预包装食品，当事人的上述行为违反了《中华人民共和国食品安全法》第九十七条的规定。市场监督管理部门依法对当事人进行行政处罚：①对未按规定遵守进货查验记录制度的违法行为予以警告；②没收违法经营的食品 5 种共计 49 瓶；③处罚款 10 000 元；④没收违法所得 288 元。罚没款合计 10 288 元。

实践训练

一、食品生产企业安全情况自查

自查食品生产企业安全情况并填写表 3-1。

表 3-1　食品安全情况自查表

企业名称：　　　　　　　　　　　产品名称：

生产地址：　　　　　　　　　　　自查日期：

自查项目	序号	自查内容	是否合规	备注
1. 企业资质情况	1.1	营业执照	□是　□否	
	1.2	食品生产许可证	□是　□否	
	1.3	实际生产方法和范围	□是　□否	
2. 生产环境条件	2.1	厂区、车间卫生情况	□是　□否	
	2.2	厂区、车间与有毒、有害园地及其他污染源保持规定的距离	□是　□否	
	2.3	卫生间应保持清洁，应设置洗手设施，未与食品生产、包装或贮存等地域直接连通	□是　□否	
	2.4	更衣、洗手、干手、消毒设备、设施运转情况	□是　□否	
	2.5	通风、防尘、照明、存放垃圾和废弃物等设备、设施运转情况	□是　□否	
	2.6	车间内使用的洗涤剂、消毒剂等化学品应与原料、半成品、成品、包装材料等分隔放置，及使用记录情况	□是　□否	
	2.7	定期检查防鼠、防蝇、防虫害装置的使用情况并有相应检查记录，生产园地无虫害迹象	□是　□否	
3. 进货查验情况	3.1	查验食品原辅料、食品添加剂、食品相关产品供货者的许可证、产品合格证明文件；供货者无法提供有效合格证明文件的食品原料，有检验记录	□是　□否	
	3.2	进货查验记录及证明材料真实、完整，记录和凭证保存期限不少于产品保质期期满后 6 个月，没有明确保质期的，保存期限不少于 2 年	□是　□否	
	3.3	食品原辅料、食品添加剂、食品相关产品的贮存、保管记录和领用出库记录情况	□是　□否	

自查项目	序号	自查内容	是否合规	备注
4. 生产过程操作情况	4.1	有食品安全自查制度文件，定期对食品安全状况进行自查并记录和处置	□是　□否	
	4.2	使用的原辅料、食品添加剂、食品相关产品的品种与索证索票、进货查验记录内容一致	□是　□否	
	4.3	生产投料记录情况，包含投料种类、品名、生产日期或批号、使用数量等	□是　□否	
	4.4	使用非食品原料、回收食品、食品添加剂以外的化学物质、超过保质期的食品原料和食品添加剂生产食品情况	□是　□否	
	4.5	超范围、超量使用食品添加剂的情况	□是　□否	
	4.6	生产或使用的新食品原料，限定于卫生行政部门公告的新食品原料范围内	□是　□否	
	4.7	使用药品、仅用于保健食品的原料生产食品的情况	□是　□否	
	4.8	生产记录中的生产工艺和参数与企业申请许可时提供的工艺流程一致	□是　□否	
	4.9	生产加工过程关键操作点的记录情况	□是　□否	
	4.10	生产现场人流、物流交叉污染情况	□是　□否	
	4.11	原辅料、半成品与直接入口食品交叉污染情况	□是　□否	
	4.12	有温湿度等生产环境监测要求的，定期进行监测并记录	□是　□否	
	4.13	生产设备、设施定期维护保养记录情况	□是　□否	
	4.14	虚伪标注生产日期或批号的情况	□是　□否	
	4.15	工作人员穿戴工作衣帽，生产车间内未觉察与生产无关的个人或者其他与生产不相关物品，员工洗手消毒后进入生产车间	□是　□否	
5. 产品检验结果情况	5.1	企业自检的，应具备与所检工程适应的检验室和检验能力，有检验相关设备及化学试剂，检验仪器设备按期检定	□是　□否	
	5.2	不能自检的，托付有资质的检验机构进行检验的情况	□是　□否	
	5.3	有与生产产品相适应的食品安全标准文本，按照食品安全标准规定进行检验	□是　□否	
	5.4	建立和保存原始检验数据和检验汇报记录，检验记录真实、完整的情况	□是　□否	
	5.5	按规定时限保存检验留存样品并记录留样情况	□是　□否	

自查项目	序号	自查内容	是否合规	备注
6. 贮存及交付操作情况	6.1	原辅料的贮存专人治理，贮存条件情况	□是　□否	
	6.2	食品添加剂特意贮存，明显标示，专人治理情况	□是　□否	
	6.3	不合格品划定地域存放情况	□是　□否	
	6.4	依据产品特点建立和执行相适应的贮存、运输及交付操作制度和记录情况	□是　□否	
	6.5	仓库温湿度情况	□是　□否	
	6.6	超许可范围生产情况	□是　□否	
	6.7	销售台账记录真实、完整情况	□是　□否	
	6.8	销售台账如实记录食品的名称、规格、数量、生产日期或者生产批号、检验合格证明、销售日期以及购货者名称、地址、联系方法等内容	□是　□否	
7. 不合格品治理和食品召回情况	7.1	存不合格品的处置记录情况，不合格品的批次、数量应与记录一致	□是　□否	
	7.2	不安全食品的召回情况，有召回方案、公告等相应记录	□是　□否	
	7.3	召回食品的处置记录情况	□是　□否	
	7.4	使用召回食品重新加工食品情况〔对因标签存在瑕疵实施召回的除外〕	□是　□否	
8. 从业人员治理	8.1	食品安全治理人员、检验人员、负责人配备情况	□是　□否	
	8.2	食品安全治理人员、检验人员、负责人培训和考核记录情况	□是　□否	
	8.3	聘用禁止从事食品安全治理的人员情况	□是　□否	
	8.4	企业负责人在企业内部制度制定、过程操作、安全培训、安全检查，以及食品安全事件或事故调查等环节履行岗位职责及记录情况	□是　□否	
	8.5	从业人员健康治理制度情况，直接接触食品人员有健康证明	□是　□否	
	8.6	从业人员食品安全知识培训制度情况，及相关培训记录情况	□是　□否	
9. 食品安全事故处置	9.1	定期排查食品安全风险隐患的记录情况	□是　□否	
	9.2	按照食品安全应急方案定期演练，落实食品安全防范措施的记录情况	□是　□否	
	9.3	发生食品安全事故的，有处置食品安全事故记录	□是　□否	

自查项目	序号	自查内容	是否合规	备注
10. 食品添加剂生产者治理	10.1	原料和生产工艺符合产品标准规定	□是　□否	
	10.2	复配食品添加剂成分发生变化的，按规定汇报	□是　□否	
	10.3	食品添加剂产品标签载明"食品添加剂"，并标明贮存条件、生产者名称和地址、食品添加剂的使用范围、用量和使用方法	□是　□否	
11. 其他事项	11.1	按照法律法规或主体责任汇报规定应当汇报的其他情况	□是　□否	
自查结论〔可另附页〕				
整改情况〔可另附页〕				
自查人员签字：　　　　　　　　　　　　　日期：　年　月　日			法人代表或质量负责人签字：　　　　　　　日期：　年　月　日	

二、食品企业生产过程不符合项查找与整改

查找食品企业生产过程不符合项并整改，填表3-2。

表3-2　食品企业生产过程不符合项及整改措施

类别	常见不符合及处理	
化学品	常见不符合项	化学品仓贮区域没有实行加锁限入管理，并实行进出登记制度
	整改措施	
	常见不符合项	没有收集使用《化学品安全技术说明书》（material safety data sheet, MSDS），并进行张贴或开展员工培训
	整改措施	
	常见不符合项	配置化学品员工没有防护或计量器具，如耐酸碱手套、防护镜、洗眼器、计量器具等
	整改措施	
	常见不符合项	使用化学品的容器没有进行有效标志，如酒精喷壶、消毒液喷壶等
	整改措施	
	常见不符合项	清洗消毒后针对食品接触面没有验证是否有化学品残留
	整改措施	

类别	常见不符合及处理	
	常见不符合项	车间中没有设置清洁工具放置区域
清洁用具交叉污染	整改措施	
	常见不符合项	拖把、水刮、尘推等清洁工具散乱混合放置，没有设置挂架
	整改措施	
	常见不符合项	没有制定清洁工具的清洗消毒流程
	整改措施	
	常见不符合项	没有区分食品接触面和非食品接触面专用清洁工具，如手刷、抹布等
	整改措施	
	常见不符合项	生产环节中使用的抹布没有按照一定频率更换，且容易出现掉毛掉线
	整改措施	
	常见不符合项	清洁使用的加压水管使用后没有绞盘放置，当地面有水集聚时，下次使用容易引起虹吸
	整改措施	
洗手设施	常见不符合项	手动式洗手水龙头数量与同班次食品加工人员数量不匹配
	整改措施	
	常见不符合项	洗手设施在冬季不能提供温水（南方地区的冬季水温除外）
	整改措施	
	常见不符合项	没有标志简明的洗手消毒流程图，或流程图与实际操作不匹配
	整改措施	
	常见不符合项	没有提供无色无味的洗手液
	整改措施	
	常见不符合项	烘手器滤网没有定期进行清洁（使用一次性纸巾除外）
	整改措施	
	常见不符合项	没有对含氯消毒液有效浓度进行监测，或配置的有效氯浓度较高
	整改措施	
	常见不符合项	如使用乙醇喷雾消毒，没有使用食品级乙醇
	整改措施	
更衣室	常见不符合项	更衣柜中员工自身服装和工作服混合放置，也有自身的鞋放置在更衣柜中
	整改措施	
	常见不符合项	更衣柜的钥匙随身保管，带入车间中
	整改措施	

类别	常见不符合及处理	
更衣室	常见不符合项	更衣柜上方灰尘没有检查清理，且空间四周角落有蜘蛛网
	整改措施	
	常见不符合项	胶鞋或工作鞋混乱放置，没有固定区域
	整改措施	
	常见不符合项	工作鞋没有进行定期的清洁和消毒
	整改措施	
	常见不符合项	更衣室中没有空间消毒设施
	整改措施	
	常见不符合项	没有配置垃圾桶
	整改措施	
玻璃和塑料污染	常见不符合项	物料堆放或加工区域上方的照明灯没有进行防护（仓贮区域均涵盖）
	整改措施	
	常见不符合项	没有对加工车间中的玻璃制品（窗户、消防橱窗等）贴防爆膜或进行编号管理并检查
	整改措施	
	常见不符合项	没有识别加工车间中的硬塑料物件（钟表、温湿度计、电源开关箱盖、周转筐、塑料笔、塑料尺、塑料夹板、开关等），并进行贴膜或登记检查
	整改措施	
	常见不符合项	没有对紫外灯（考虑紫外效果，不能加防护罩）进行登记检查
	整改措施	
虫鼠害控制	常见不符合项	鼠笼粘鼠板没有贴墙放置，鼠饵没有定期更换或保留更换记录
	整改措施	
	常见不符合项	配置的挡鼠板高度不足（60 cm），与地面的缝隙较大（大于0.6 cm）
	整改措施	
	常见不符合项	车间和仓贮区域配置电击式灭蝇灯，且不定期进行清洁，且安装位置有误
	整改措施	
	常见不符合项	车间中的管道孔洞没有密封防护
虫鼠害控制	整改措施	
	常见不符合项	排风扇没有加装纱网
	整改措施	
	常见不符合项	下水道地漏口没有进行加盖防护
	整改措施	

类别	常见不符合及处理	
食品级润滑油	常见不符合项	可能与食品接触的轴承、齿轮、链条等部位使用普通润滑油
	整改措施	
	常见不符合项	可能与食品接触的轴承、齿轮、链条等部位使用食用植物油代替
	整改措施	
	常见不符合项	采购一瓶食品级润滑油常年不用，应付审核，没有保留维护使用记录
	整改措施	
天花板冷凝水	常见不符合项	水产、调理肉品车间的天花板发黑，发霉，且常年集聚冷凝水
	整改措施	
	常见不符合项	没有采用适用的方法去除天花板的冷凝水
	整改措施	
手套及手部划伤	常见不符合项	加工或内包环节使用一次性白色乳胶手套
	整改措施	
	常见不符合项	车间对使用的手套没有进行有效的管理，没有实行分发和回收制度
	整改措施	
	常见不符合项	没有对手部划伤的员工制定处理程序
	整改措施	
防护服的选择	常见不符合项	员工佩戴的工作帽不能够完全遮挡住头发
	整改措施	
	常见不符合项	防护服的领口敞开，员工个人衣服外露
	整改措施	
	常见不符合项	防护服有纽扣，口袋，露出的拉链等
	整改措施	

 项目测试

单选题

1.《食品安全国家标准　食品生产通用卫生规范》（GB 14881—2013）中与原料、半成品、成品接触的设备与用具，应使用无毒、无味、抗腐蚀、不易脱落的材料制作，并应易于清洁和保养是指对生产设备（　　）的要求。

　　A. 设计　　　　　　B. 材质　　　　　　C. 零件　　　　　　D. 以上都不是

2. 不属于《食品安全国家标准　食品生产通用卫生规范》（GB14881—2013）中规定的生产过程的食品安全控制中物理污染的控制方法是（　　）。

　　A. 建立防止异物污染的管理制度　　　　B. 设置筛网

　　C. 加工过程监督　　　　　　　　　　　D. 微生物指标监控

3. 关于食品生产企业顶棚的说法，表述不正确的是（　　）。
   A. 顶棚应使用无毒、无味、与生产需求相适应、易于观察清洁状况的材料建造
   B. 不能在屋顶内层喷涂涂料作为顶棚
   C. 顶棚应易于清洁、消毒，在结构上不利于冷凝水垂直滴下
   D. 蒸汽、水、电等配件管路应尽量避免设置于暴露食品的上方

4. 关于食品生产企业卫生管理的说法，表述不正确的是（　　）。
   A. 应制定食品加工人员和食品生产卫生管理制度及相应的考试标准
   B. 厂房内各项设施应保持清洁，出现问题及时维修或更新
   C. 短期从事食品加工的人员可不取得健康证明，直接上岗工作
   D. 食品生产人员进入作业区域应规范穿着洁净的工作服

5. 关于食品生产企业化学污染控制的说法，表述不正确的是（　　）。
   A. 食品生产企业建立食品添加剂和食品工业用加工助剂的使用制度
   B. 生产设备上可能直接或间接接触食品的活动部件使用食用油脂润滑
   C. 为便于就近取用消毒剂，可将酒精和双氧水堆放在内包装车间角落
   D. 除清洁消毒必需和工艺需要，不应在生产场所使用和存放可能污染食品的化学制剂

6. 根据食品安全风险的严重和紧急程度，食品召回分为（　　）级。
   A. 1　　　　　　　　B. 2　　　　　　　　C. 3　　　　　　　　D. 4

7. 关于食品召回的说法，表述不正确的是（　　）。
   A. 发现其生产的食品不符合食品安全标准或者有证据证明可能危害人体健康的，应当立即停止生产
   B. 通知相关生产经营者和消费者，并记录召回和通知情况
   C. 先对召回的食品进行无害化处理、销毁，再向所在地县级人民政府食品安全监督管理部门报告
   D. 对因标签、标志或者说明书不符合食品安全标准而被召回的食品，食品生产企业在采取补救措施且能保证食品安全的情况下可以继续销售

8. 食品召回公告包括（　　）内容。
   A. 食品生产者的名称、住所、法定代表人、具体负责人、联系电话、电子邮箱等
   B. 食品名称、商标、规格、生产日期、批次等
   C. 召回原因、等级、起止日期、区域范围及相关食品生产经营者的义务和消费者退货及赔偿的流程
   D. 以上全部

 知识拓展

1. 《食品安全国家标准　食品生产通用卫生规范》（GB 14881—2014）
2. 《食品安全国家标准　饮料生产卫生规范》（GB 12695—2016）
3. 《食品安全国家标准　糕点、面包卫生规范》（GB 8957—2016）
4. 《食品生产经营监督检查管理办法》
5. 《食品召回管理办法》

项目四　食品产品合规管理

◎ 知识目标

1. 掌握普通食品原料、新食品原料、食药物质等食品原辅料的相关规定。
2. 掌握食品配方合规判定的方法。
3. 掌握产品指标的要求及合规判定方法。
4. 掌握产品标签的要求及合规判定方法。
5. 熟悉食品接触材料和包装的要求。

◎ 能力目标

1. 能够判定食品配方的合规性。
2. 能够判定食品产品指标的合规性。
3. 能够判定食品产品标签的合规性。
4. 能够判定食品接触材料和包装的合规要求。

◎ 素养目标

1. 具有敏锐的观察判断能力，分析和解决问题的能力。
2. 具有较强的质量、安全、责任和诚信意识。
3. 具有严谨的法律意识和食品安全责任意识。
4. 具有高度的社会责任感和职业敏锐度。

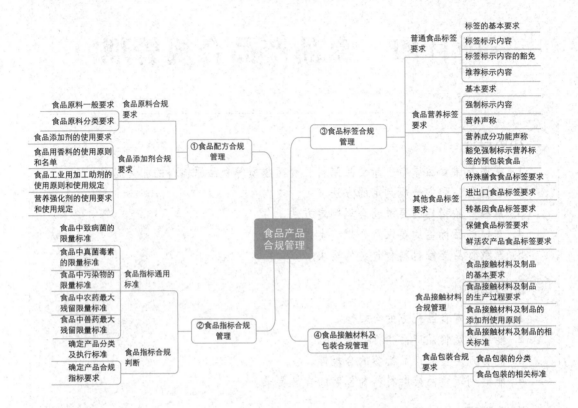

一、食品配方合规管理

食品配方合规首先需要确认产品的执行标准及其应满足的相关食品安全标准，然后根据产品的执行标准对配方中用到的原料、添加剂、营养强化剂等进行合规判定。

引导问题

食品企业使用新食品原料应注意什么？

_____

_____

（一）食品原料合规要求

1. 食品原料一般要求

食品原料具备食品的特性，符合应当有的营养要求，且无毒、无害，对人体健康不造成任何急性、亚急性、慢性或者其他潜在危害。目前我国可以用作食品原料的物质主要包括普通食品原料（包括可食用的农副产品、取得生产许可的加工食品）、新食品原料、按照传统既是食品又是中药材的物质（简称"食药物质"）、可用于食品的菌种等。

食品生产者采购食品原料，应当查验供货者的许可证和产品合格证明；不得采购或者使用不符合食品安全标准的食品原料；食品生产企业应当建立食品原料进货查验记录制度。

2. 食品原料分类要求

（1）普通食品原料。一般来说，已有食品标准、有传统食用习惯及国家卫生行政部门批准作为普通食品管理的原料等可以作为普通食品原料使用。

（2）新食品原料。使用新食品原料应查看相关公告中该原料允许使用的食品类别等特殊要求，并且新食品原料的名称需要与公告的标准名称保持一致。如《国家卫生健康委关于蝉花子实体（人工培植）等15种"三新食品"的公告》（2020年第9号）中透明质酸钠被批准为新食品原料，使用范围包括乳及乳制品，饮料类，酒类，可可制品、巧克力和巧克力制品（包括代可可脂巧克力及制品），以及糖果，冷冻饮品。如果产品类别不符合公告要求，则不能使用透明质酸钠。

（3）食药物质。《卫生部关于进一步规范保健食品原料管理的通知》（卫法监发〔2002〕51号）附件1中列出了既是食品又是药品的物品名单，也就是食药物质。为加强依法履职，国家卫生健康委员会经商国家市场监督管理总局同意，制定了《按照传统既是食品又是中药材的物质目录管理规定》。《中华人民共和国食品安全法实施条例》规定，对按照传统既是食品又是中药材的物质目录，国务院卫生行政部门会同食品安全监督管理部门应当及时更新。

国家卫生健康委员会、国家市场监督管理总局不定期公布新增的食药物质，如2023年《关于党参等9种新增按照传统既是食品又是中药材的物质公告》中，将党参、肉苁蓉（荒漠）、铁皮石斛、西洋参、黄芪、灵芝、山茱萸、天麻、杜仲叶等9种物质纳入按照传统既是食品又是中药材的物质目录。以上9种物质均被《中华人民共和国药典（2020版）》收载，国家卫生健康委提醒，这9种食药物质作为食品原料，建议按照传统方式适量食用（传统方式通常指对原材料进行粉碎、切片、压榨、炒制、水煮、酒泡等），孕妇、哺乳期妇女及婴幼儿等特殊人群不推荐食用。作为食药物质时其标签、说明书、广告、宣传信息等不得含有虚假内容，不得涉及疾病预防、治疗功能。上述物质作为保健食品原料使用时，应当按保健食品有关规定管理。

（4）可用于食品的菌种。食品用菌种，是指可用于食品中的一种或多种活的微生物（包括细菌、真菌和酵母），经发酵培养、分离、干燥或不干燥等工序制成的产品。2010年原卫生部发布了《可用于食品的菌种名单》，其中包含可用于食品的青春双歧杆菌等21个菌种。2011年原卫生部发布了《可用于婴幼儿食品的菌种名单》，其中包含可用于婴幼儿食品的嗜酸乳杆菌 NCFM 等 6 个菌株。

2022 年国家卫生健康委发布关于《可用于食品的菌种名单》和《可用于婴幼儿食品的菌种名单》更新的公告，对原《可用于食品的菌种名单》和《可用于婴幼儿食品的菌种名单》公布之后，又陆续批准公告的 16 个可用于食品的菌种和 7 个可用于婴幼儿食品的菌株增补进相应名单；调整了部分菌种菌株名称，并更新《可用于食品的菌种名单》的菌种具体到亚种。

名单以外的菌种、新菌种按照《新食品原料安全性审查管理办法》执行。列入《可用于食品的菌种名单》和《可用于婴幼儿食品的菌种名单》的，还应符合相应公告的要求。除两个名单中的菌种，传统上用于食品生产加工的菌种允许继续使用，如葡萄酒的生产加工过程中使用的酿酒酵母等。

引导问题

查找《食品安全国家标准　食品营养强化剂使用标准》（GB 14880—2012），请回答饼干中允许使用哪些食品营养强化剂，其种类及限量是如何规定的？

_____

_____

（二）食品添加剂合规要求

食品添加剂指为改善食品品质和色、香、味以及为防腐、保鲜和加工工艺的需要而加入食品中的人工合成或者天然物质，包括营养强化剂，也包括食品用香料、胶基糖果中基础剂物质、食品工业用加工助剂。

1. 食品添加剂的使用要求

1）食品添加剂的使用情形和基本要求

食品添加剂的使用情形包括：①保持或提高食品本身的营养价值；②作为某些特殊膳食用食品的必要配料或成分；③提高食品的质量和稳定性，改进其感官特性；④便于食品的生产、加工、包装、运输或者贮藏。

食品添加剂的基本使用要求包括：①不应对人体产生任何健康危害；②不应掩盖食品腐败变质；③不应掩盖食品本身或加工过程中的质量缺陷或以掺杂、掺假、伪造为目的而使用食品添加剂；④不应降低食品本身的营养价值；⑤在达到预期效果的前提下尽可能降低在食品中的使用量。

2）食品添加剂的使用规定

《食品安全国家标准　食品添加剂使用标准》（GB 2760—2024）规定了食品添加剂的允许使用品种、使用范围及最大使用限量或残留量。同一功能的食品添加剂（相同色泽着色剂、防腐剂、抗氧化剂）在混合使用时，各自用量占其最大使用限量的比例之和不应超过 1。

部分食品添加剂可在各类食品中（特殊食品类别除外）按生产需要适量使用，这些食品添加剂包含增稠剂、增味剂、着色剂、酸度调节剂和甜味剂等多种，如果胶、谷氨酸钠、高粱红、柠檬酸和木糖醇等，此类食品添加剂以天然为主而非合成，有些对人体还有保健功效。

标准中还列出了不能按生产需要适量使用食品添加剂的特殊食品类别名单，包括灭菌乳和高温杀菌乳、婴儿配方食品、蜂蜜等在内的 68 个食品类别。这些食品类别使用添加剂时应严格遵守食品添加剂的允许使用品种、使用范围及最大使用限量或残留量的规定。

3）食品添加剂的带入原则

在下列情况下，食品添加剂可以通过食品配料（含食品添加剂）带入食品中。

（1）食品配料中允许使用该食品添加剂。

（2）食品配料中该添加剂的用量不应超过允许的最大使用限量。

《食品安全国家标准　食品
添加剂使用标准》
"带入原则"解读

（3）应在正常生产工艺条件下使用这些配料，并且食品中该添加剂的含量不应超过由配料带入的水平。

（4）由配料带入食品中的该添加剂的含量应明显低于直接将其添加到该食品中通常所需要的水平。

当某食品配料作为特定终产品的原料时，批准用于上述特定终产品的添加剂允许添加到这些食品配料中，同时该添加剂在终产品中的量应符合本标准的要求。在所述特定食品配料的标签上应明确标示该食品配料用于上述特定食品的生产。

2. 食品用香料的使用原则和名单

在食品中使用食品用香料、香精的目的是使食品产生、改变或提高食品的风味。食品用香料一般配制成食品用香精后用于食品加香，部分也可直接用于食品加香。食品用香料、香精不包括只产生甜味、酸味或咸味的物质，也不包括增味剂。

1）食品用香料、香精的使用原则

食品用香料、香精在各类食品中按生产需要适量使用，不得添加食品用香料、香精的食品名单除外。这类食品名单包括灭菌乳、蜂蜜等 29 个食品类别。

用于配制食品用香精的食品用香料品种应符合标准规定。用物理方法、酶法或微生物法（所用酶制剂应符合本标准的有关规定）从食品（可以是未加工过的，也可以是经过了适合人类消费的传统的食品制备工艺的加工过程）制得的具有香味特性的物质或天然香味复合物可用于配制食品用香精。

具有其他食品添加剂功能的食品用香料，在食品中发挥其他食品添加剂功能时，应符合标准的规定，如苯甲酸、肉桂醛、瓜拉纳提取物、双乙酸钠（二醋酸钠）、琥珀酸二钠、磷酸三钙、氨基酸等。

食品用香精可以含有对其生产、贮存和应用等所必需的食品用香精辅料（包括食品添加剂和食品）。食品用香精中允许使用的辅料应符合相关标准的规定；在达到预期目的的前提下尽可能减少使用品种；作为辅料添加到食品用香精中的食品添加剂不应在最终食品中发挥功能作用，在达到预期目的的前提下尽可能降低在食品中的使用量。

2）食品用香料的名单

食品用香料包括天然香料和合成香料两种。允许使用的食品用天然香料名单包括丁香叶油等 388 种，允许使用的食品用合成香料名单包括丙二醇等 1504 种。

3. 食品工业用加工助剂的使用原则和使用规定

1）食品工业用加工助剂的使用原则

加工助剂应在食品生产加工过程中使用，使用时应具有工艺必要性，在达到预期目的前提下应尽可能降低使用量。

加工助剂一般应在制成最终成品之前除去，无法完全除去的，应尽可能降低其残留量，其残留量不应对健康产生危害，不应在最终食品中发挥功能作用。

加工助剂应该符合相应的质量规格要求。

2）食品工业用加工助剂的使用规定

《食品安全国家标准　食品添加剂使用标准》（GB 2760—2024）规定了包括 α - 淀粉酶在内的 66 种食品用酶制剂及其来源名单，各种酶的来源和供体应符合标准的规定。

标准同时规定了包括甘油在内的 37 种可在各类食品加工过程中使用，残留量不需限定的加工助剂名单（不含酶制剂）。

标准还规定了包括 1 - 丁醇在内的 80 种需要规定功能和使用范围的加工助剂名单（不含酶制剂）。

4. 营养强化剂的使用要求和使用规定

《食品安全国家标准　食品营养强化剂使用标准》（GB 14880—2012）规定了食品营养强化的主要目的、使用营养强化剂的要求、可强化食品类别的选择要求以及营养强化剂的使用规定，适用于食品中营养强化剂的使用［国家法律、法规和（或）标准另有规定的除外］。

1）营养强化剂的使用要求

营养强化剂的使用要求包括：①使用不应导致人群食用后营养素及其他营养成分摄入过量或不均衡，不应导致任何营养素及其他营养成分的代谢异常；②使用不应鼓励和引导与国家营养政策相悖的食品消费模式；③添加到食品中的营养强化剂应能在特定的贮存、运输和食用条件下保持质量的稳定。④添加到食品中的营养强化剂不应导致食品一般特性如色泽、滋味、气味、烹调特性等发生明显不良改变；⑤不应通过使用营养强化剂夸大食品中某一营养成分的含量或作用误导和欺骗消费者。

2）营养强化剂的使用规定

营养强化剂的允许使用品种、使用范围及使用量应符合标准要求。允许使用的营养强化剂化合物来源应符合标准要求。

特殊膳食用食品中营养素及其他营养成分的含量按相应的食品安全国家标准执行，允许使用的营养强化剂及化合物来源应符合标准要求。

二、食品指标合规管理

引导问题

查找食品通用安全标准，请回答巴氏杀菌乳中的有毒有害物质是如何限量的？

_____

_____

（一）食品指标通用标准

通用标准主要是关于食品中有毒有害物质限量的标准，我国主要从致病菌限量、真菌毒素限量、农药残留限量、兽药残留限量、污染物限量等方面（部分标准见表4-2）规定了人体对食品中存在的有毒有害物质可接受的最高水平，其目的是将有毒有害物质限制在安全阈值内，保证食用安全性，最大限度地保障人体健康。

1. 食品中致病菌的限量标准

《食品安全国家标准 预包装食品中致病菌限量》（GB 29921—2021）解读

2021年国家卫生健康委、国家市场监管总局联合发布了《食品安全国家标准 预包装食品中致病菌限量》（GB 29921—2021），于2021年11月22日起实施。

1）标准的适用范围

（1）适用于预包装食品。预包装食品是指预先定量包装或者制作在包装材料和容器中的食品。它具有两个特点：一是预先定量；二是具有统一的质量或体积标志。标准对乳制品、肉制品、水产制品、即食蛋制品、粮食制品、即食豆类制品、巧克力类及可可制品、即食果蔬制品、饮料、冷冻饮品、即食调味品、坚果与籽实类食品、特殊膳食用食品等13类食品中的致病菌进行了限量。

（2）不适用于新标准的预包装食品种类。不适用新标准的预包装食品主要有两种：①罐头类食品；②包装饮用水和饮用天然矿泉水。要求达到商业无菌的罐头类食品，应执行商业无菌要求，不在新标准中规定其致病菌限量。包装饮用水和饮用天然矿泉水，暂不纳入新标准，并根据需要在相应的食品安全国家标准、产品标准中进行致病菌的管理，如《食品安全国家标准 包装饮用水》（GB 19298—2014）、《食品安全国家标准 饮用天然矿泉水》（GB 8537—2018）等。

（3）标准中未涵盖的其他食品种类。新标准中未涵盖的其他食品种类主要包括以下两种：①非即食生鲜类食品中致病菌主要通过生产加工过程标准（规范）进行控制，如鲜、冻动物性水产品，鲜、冻畜、禽产品等；②微生物风险较低的食品或食品原料，如食用盐、味精、食糖、植物油、乳糖、蒸馏酒及其配制酒、发酵酒及其配制酒、蜂蜜及蜂蜜制品、花粉、食用油脂制品、食醋等，不规定其致病菌限量。

2）标准中致病菌指标设置

标准对沙门氏菌、单核细胞增生李斯特氏菌、致泻大肠埃希氏菌、金黄色葡萄球菌、副溶血性弧菌、克罗诺杆菌属（阪崎肠杆菌）等6种致病菌指标和限量进行了调整。

（1）沙门氏菌。沙门氏菌是细菌性食物中毒的主要致病菌，各国普遍提出该致病菌限量要求。标准按照二级采样方案对所有13类食品设置沙门氏菌限量规定，具体为 $n=5$，$c=0$，$m=0$（即在被检的5份样品中，不允许任一样品检出沙门氏菌）。n 为同一批次产品应采集的样品件数；c 为最大可允许超出 m 值的样品数；在二级采样方案中 m 为最高安全限量值。

（2）单核细胞增生李斯特氏菌。单核细胞增生李斯特氏菌是重要的食源性致病菌。标准按照二级采样方案设置了乳制品中干酪、再制干酪和干酪制品，肉制品，冷冻饮品，即食果蔬制品中的去皮或预切的水果、去皮或预切的蔬菜及上述类别混合食品中的单核细胞增生李斯特氏菌限量，具体为 $n=5$，$c=0$，$m=0$（即在被检的5份样品中，不允许任一样品检出单核细胞增生李斯特氏菌）。另外，标准设置了对水产制品中即食生制动物性水产制品单核细胞增生李斯特氏菌的限量要求，具体为 $n=5$，$c=0$，$m=100$ CFU/g（即在被检的5份样品中，不允许任一样品单核细胞增生李斯特菌超出100 CFU/g）。

（3）致泻大肠埃希氏菌。标准按照二级采样方案设置了肉制品中的牛肉制品、即食生肉制品、发酵肉制品类，即食果蔬制品中的去皮或预切的水果、去皮或预切的蔬菜及上述类别混合食品中致泻大肠埃希氏菌的限量，具体为 $n=5$，$c=0$，$m=0$（即在被检的5份样品中，不允许任一样品检出致泻大肠埃希氏菌）。

（4）金黄色葡萄球菌。金黄色葡萄球菌是我国细菌性食物中毒的主要致病菌之一，其致病力与该菌产生的金黄色葡萄球菌肠毒素有关。标准按照二级采样方案设置了乳制品中巴氏杀菌乳、调制乳、发酵乳、加糖炼乳（甜炼乳）、调制加糖炼乳中金黄色葡萄球菌的限量，具体为 $n=5$，$c=0$，$m=0$（即在被检的5份样品中，不允许任一样品检出金黄色葡萄球菌）。标准按照三级采样方案设置了肉制品、粮食制品、即食豆类制品、即食果蔬制品、冷冻饮品及即食调味品中金黄色葡萄球菌限量，具体为 $n=5$，$c=1$，$m=100$C FU/g（mL），$M=1\,000$ CFU/g（mL）（即在被检的5份样品中，最多允许1份样品检出量在100 MPN/g（mL）和1 000 MPN/g（mL）之间）。标准按照三级采样方案设置了乳制品中乳粉、调制乳粉及特殊膳食用食品中金黄色葡萄球菌的限量，具体为 $n=5$，$c=2$，$m=10$C FU/g（mL），$M=100$ CFU/g（mL）（即在被检的5份样品中，最多允许2份样品检出量在10 MPN/g（mL）和100 MPN/g（mL）之间）。标准按照三级采样方案设置了乳制品中干酪、再制干酪和干酪制品中金黄色葡萄球菌限量为 $n=5$，$c=2$，$m=100$ CFU/g（mL），$M=1\,000$ CFU/g（mL）（即在被检的5份样品中，最多允许2份样品检出量在100 MPN/g（mL）和1 000 MPN/g（mL）之间）。在三级采样方案中，m 为致病菌指标可接受水平的限量值，M 为致病菌指标的最高安全限量值。

（5）副溶血性弧菌。副溶血性弧菌是我国沿海及部分内地区域食物中毒的主要致病菌，主要污染水产制品或者交叉污染肉制品等，其致病性与带菌量及是否携带致病基因密切相关。标准按照三级采样方案设置了即食生制动物性水产制品和即食水产调味品中副溶血性弧菌的限量，具体为 $n=5$，$c=1$，$m=100$ MPN/g（mL），$M=1\,000$ MPN/g（mL）（即在被检的5份样品中，最多允许1份样品检出量在100 MPN/g（mL）和1 000 MPN/g （mL）之间）。

（6）克罗诺杆菌属。克罗诺杆菌属（阪崎肠杆菌）是一种条件致病菌，该菌仅对6月龄以下婴儿具有较高风险，标准整合了《食品安全国家标准　婴儿配方食品》（GB 10765—2010）和《食品安全国家标准　特殊医学用途婴儿配方食品通则》（GB 25596—2010）中阪崎肠杆菌的限量要求，并维持不变。因需与现行检验方法标准保持一致，标准将"阪崎肠杆菌"修改为"克罗诺杆菌属（阪崎肠杆菌）"。

部分致病菌限量详见表 4 – 1。

表 4 – 1　预包装食品中部分致病菌限量

食品类别	致病菌指标	采样方案及限量（若非指定，均以/25 g 或/25 mL 表示）				检验方法	备注
		n	*c*	*m*	*M*		
肉制品	沙门菌	5	0	0	—	GB 4789.4—2024	
	单核细胞增生李斯特菌	5	0	0	—	GB 4789.30—2016	—
	金黄色葡萄球菌	5	1	100 CFU/g	1 000 CFU/g	GB 4789.10—2016	
	致泻大肠埃希菌	5	0	0	—	GB 4789.6—2016	仅适用于牛肉制品、即食生肉制品、发酵肉制品类
水产制品	沙门菌	5	0	0	—	GB 4789.4—2024	
	副溶血性弧菌	5	1	100 MPN/g	1 000 MPN/g	GB 4789.7—2016	仅适用即食生制动物性水产制品
	单核细胞增生李斯特菌	5	0	100 CFU/g	—	GB 4789.30—2016	
粮食制品	沙门菌	5	0	0	—	GB 4789.4—2024	—
	金黄色葡萄球菌	5	1	100 CFU/g	1 000 CFU/g	GB 4789.10—2016	
即食豆类制品	沙门菌	5	0	0	—	GB 4789.4—2024	—
	金黄色葡萄球菌	5	1	100 CFU/g	1 000 CFU/g	GB 4789.10—2016	

食品类别	致病菌指标	采样方案及限量（若非指定，均以/25 g 或/25 mL 表示）				检验方法	备注
		n	c	m	M		
即食果蔬制品	沙门菌	5	0	0	—	GB 4789.4—2024	—
	金黄色葡萄球菌	5	1	100 CFU/g（mL）	1 000 CFU/g（mL）	GB 4789.10—2016	
	单核细胞增生李斯特菌	5	0	0	—	GB 4789.30—2016	仅适用于去皮或预切的水果、去皮或预切的蔬菜及上述类别混合食品
	致泻大肠埃希菌	5	0	0	—	GB 4789.6—2016	

《食品安全国家标准 散装即食食品中致病菌限量》（GB 31607—2021）为第一个散装即食食品的食品安全国家标准，包含了5种致病菌，沙门氏菌、金黄色葡萄球菌、蜡样芽孢杆菌、单核细胞增生李斯特氏菌、副溶血性弧菌，适用于提供给消费者可直接食用的非预包装食品（含预先包装但需要计量称重的散装即食食品），包括热处理散装即食食品、部分或未经热处理的散装即食食品、其他散装即食食品；不适用于餐饮服务中的食品、执行商业无菌要求的食品、未经加工或处理的初级农产品。

2. 食品中真菌毒素的限量标准

食品中真菌毒素是指某些真菌在生产繁殖过程中产生的一类内源性天然污染物，主要对谷物及其制品和部分加工水果造成污染，人和动物食用后会引起致死性的急性疾病，并且与癌症风险增高有关，且一般加工方式难以去除，所以应对食品中真菌毒素制定严格的限量标准。《食品安全国家标准 食品中真菌毒素限量》（GB 2761—2017）是食品安全通用标准，对保障食品安全、规范食品生产经营、维护公众健康具有重要意义，该标准于2017年9月17日正式实施。

1）标准的适用范围和主要内容

《食品安全国家标准 食品中真菌毒素限量》（GB 2761—2017）规定了水果及其制品、谷物及其制品（不包括焙烤制品）、豆类及其制品、坚果及籽类、乳及乳制品、油脂及其制品、调味品、饮料类、酒类、特殊膳食用食品等10类食品中黄曲霉毒素 B_1、黄曲霉毒素 M_1、脱氧雪腐镰刀菌烯醇、展青霉素、赭曲霉毒素 A 及玉米赤霉烯酮等6种真菌毒素的限量。

2）标准中的真菌毒素指标设置

（1）黄曲霉毒素 B_1。黄曲霉毒素 B_1 在天然食物中最为多见，危害性也最强。标准中对玉米、小麦、花生、油脂、婴幼儿配方食品、运动营养食品等30类食品规定了不同类别食品中黄曲霉毒素 B_1 的限量规定，具体为小于或等于 0.5 μg/kg、小于或等于 10 μg/kg 和小于等于 20 μg/kg。

（2）黄曲霉毒素 M_1。黄曲霉毒素 M_1 具有较大毒性，主要存在于乳及乳制品中。标准中对乳及乳制品、婴儿配方食品、较大婴儿和幼儿配方食品、特殊医学用途婴儿配方食品、特殊医学用途配方食品（特殊医学用途婴儿配方食品涉及的品种除外）、辅食营养补充品、运动营养食品、孕妇及乳母营养补充食品等8类食品规定了黄曲霉毒素 M_1 的限量规定，具体为小于或等于 0.5 μg/kg。

（3）脱氧雪腐镰刀菌烯醇。脱氧雪腐镰刀菌烯醇是小麦、大麦、燕麦、玉米等谷物及其制品中最常见的一类污染性真菌毒素。人使用被污染的谷物制成的食品后可能会引起呕吐、腹泻等消化系统和头疼、头晕神经系统疾病。标准中对玉米、玉米面（渣、片）、大麦、小麦、麦片、小麦粉等6类食品规定了脱氧雪腐镰刀菌烯醇的限量规定，具体为小于或等于 1 000 μg/kg。

（4）展青霉素。展青霉素主要生长在水果上，这种毒素会引起动物的胃肠道功能紊乱和各种不同器官的水肿和出血。标准中对水果制品（果丹皮除外）、果蔬汁类及其饮料、酒类等3类食品规定了展青霉素的限量规定，具体为小于或等于 50 μg/kg。

（5）赭曲霉毒素 A。赭曲霉毒素 A 是由曲霉属的7种曲霉和青霉属的6种青霉菌产生的一组重要的、污染食品的真菌毒素，它是毒性最大、分布最广、产毒量最高、对农产品的污染最重的一种毒素。标准中对谷物、谷物研磨加工品、豆类、葡萄酒、烘焙咖啡豆、研磨咖啡（烘焙咖啡）、速溶咖啡等7类食品中的赭曲霉毒素 A 进行了限量规定，因食品种类不同，限量为小于或等于 2.0 μg/kg、小于或等于 5.0 μg/kg 和小于或等于 10.0 μg/kg。

（6）玉米赤霉烯酮。玉米赤霉烯酮主要污染玉米、小麦、大米、大麦、小米和燕麦等谷物，玉米赤霉烯酮具有雌激素样作用，能造成动物急慢性中毒，引起动物繁殖机能异常甚至死亡。标准中对小麦、小麦粉、玉米、玉米面（渣、片）等4类食品中玉米赤霉烯酮进行了限量规定，具体为小于或等于 60 μg/kg。

食品中黄曲霉毒素 M_1 限量指标详见表 4 – 2。

表 4 – 2　食品中黄曲霉毒素 M_1 限量指标

食品类别（名称）	限量/（μg/kg）
乳及乳制品[a]	0.5
特殊膳食用食品	
婴幼儿配方食品	
婴儿配方食品[b]	0.5（以粉状产品计）
较大婴儿和幼儿配方食品[b]	0.5（以粉状产品计）
特殊医学用途婴儿配方食品	0.5（以粉状产品计）
特殊医学用途配方食品[b]（特殊医学用途婴儿配方食品涉及的品种除外）	0.5（以粉状产品计）
辅食营养补充品[c]	0.5
运动营养食品[b]	0.5
孕妇及乳母营养补充食品[c]	0.5

a 乳粉按生乳折算。

b 以乳类及乳蛋白制品为主要原料的产品。

c 只限于含乳类的产品。

3. 食品中污染物的限量标准

食品污染物是食品从生产（包括农作物种植、动物饲养和兽医用药）、加工、包装、贮存、运输、销售直至食用等过程中产生的或由环境污染带入的、非有意加入的化学性危害物质。《食品安全国家标准 食品中污染物限量》（GB 2762—2022）中规定了除农药残留、兽药残留、生物毒素和放射性物质以外的化学污染物限量要求。

1）标准的适用范围和主要内容

《食品安全国家标准 食品中污染物限量标准》（GB 2762—2022）标准中主要对水果及其制品、蔬菜及其制品、食用菌及其制品、谷物及其制品、豆类及其制品、藻类及其制品、坚果及籽类、肉及肉制品、水产动物及其制品、乳及乳制品、蛋及蛋制品、油脂及其制品、调味品、饮料类、酒类、食糖及淀粉糖、淀粉及淀粉制品、焙烤食品、巧克力制品，以及糖果、冷冻饮品、特殊膳食用食品、其他食品等22大类食品中铅、镉、汞、砷、锡、镍、铬、亚硝酸盐、硝酸盐、苯并[a]芘、N-二甲基亚硝胺、多氯联苯、3-氯-1,2-丙二醇等指标进行了限量规定。

2）标准中的部分污染物限量指标修订情况

《食品安全国家标准 食品中污染物限量标准》（GB 2762—2022）与《食品安全国家标准 食品中污染物限量标准》（GB 2762—2017）相比较，部分污染物限量指标修订情况如下。

（1）铅。重点对婴幼儿食品、儿童经常食用的食品（如液态乳、果汁、蜂蜜等）以及部分食品制品（如蔬菜制品、水果制品等）中的铅限量进行了调整，如乳及乳制品：生乳、巴氏杀菌乳、灭菌乳中铅限量由 0.05 mg/kg 修改为 0.02 mg/kg。

（2）砷。无机砷是国际癌症研究中心（IARC）确认的致癌物，而有机砷化合物毒性较低，二者合称为总砷。此次修订将复合调味料的砷限量都改为无机砷，限量值为 0.1 mg/kg。根据外皮脱除程度的不同，稻米可分为稻谷、糙米和大米。此次修订将稻谷和糙米中无机砷限量由 0.2 mg/kg 调整为 0.35 mg/kg，维持大米中无机砷限量水平为 0.2 mg/kg。对食用菌及其制品的重金属限量指标更具针对性，如木耳及其制品、银耳及其制品中无机砷限量为 0.5 mg/kg（干重计），松茸及其制品中无机砷限量为 0.8 mg/kg，其他食用菌及其制品中无机砷限量为 0.5 mg/kg。

（3）苯并[a]芘。谷物及其制品中苯并[a]芘的限量值由 2.0 μg/kg 修改为 5.0 μg/kg；增加了乳及乳制品中苯并[a]芘的限量要求为 10 μg/kg。

（4）多氯联苯。水产动物及其制品中多氯联苯的限量值由 0.5 mg/kg 修改为 20 μg/kg，增加了水产动物油脂中多氯联苯的限量要求为 200 μg/kg。

食品中亚硝酸盐、硝酸盐限量指标见表 4-3。

表 4 -3　食品中亚硝酸盐、硝酸盐限量指标

食品类别（名称）	限量 /（mg/kg）	
	亚硝酸盐（以 NaNO$_2$ 计）	硝酸盐（以 NaNO$_3$ 计）
蔬菜及其制品 酱腌菜	20	—
乳及乳制品 生乳 乳粉和调制乳粉	0.4 2.0	—
饮料类 包装饮用水（饮用天然矿泉水除外） 饮用天然矿泉水	0.005 mg/L（以 NO$_2^-$ 计） 0.1 mg/L（以 NO$_2^-$ 计）	— 45 mg/L（以 NO$_2^-$ 计）
特殊膳食用食品 婴幼儿配方食品[a] 婴儿配方食品、较大婴儿配方食品、幼儿配方食品 特殊医学用途婴儿配方食品 婴幼儿辅助食品 婴幼儿谷类辅助食品 婴幼儿罐装辅助食品 特殊医学用途配方食品（特殊医学用途婴儿配方食品涉及的品种除外） 辅食营养补充品 孕妇及乳母营养补充品	 2.0[b]（以固体产品计） 2.0（以固体产品计） 2.0[d] 4.0[d] 2.0e（以固体产品计） 2.0[b] 2.0[d]	 100c（以固态产品计） 100（以固态产品计） 100[c] 200[c] 100c（以固态产品计） 100[c] 100[c]

注：划"—"者指无相应限量要求。

a. 液态婴幼儿配方食品根据 8∶1 的比例折算其限量。
b. 仅适用于乳基产品。
c. 不适用于添加蔬菜和水果的产品。
d. 不适用于添加豆类的产品。
e. 仅适用于乳基产品（不含豆类成分）。

4. 食品中农药最大残留限量标准

农药残留问题是随着农药大量生产和广泛使用而产生的，是农药使用后一个时期内没有被分解而残留于生物体、收获物、土壤、水体、大气中的微量农药原体、有毒代谢物、降解物和杂质的总称。虽然农药在保护作物、减少产量损失、防治病虫害等方面起了很大作用，但是因农药使用不当、过度使用等多种问题，残留的农药随粮食、蔬菜、水果、鱼、虾、肉、蛋、乳进入人体或动物体，危害人或动物的健康。为保障食品安全、规范食品生产经营、维护公众健康，《食品安全国家标准　食品中农药最大残留限量》（GB 2763—2021）代替《食品安全国家标准　食品中农药最大残留限量》（GB 2763—2019）于 2021 年 9 月 3 日正式实施。

1）标准的适用范围和主要内容

《食品安全国家标准　食品中农药最大残留限量》（GB 2763—2021）明确了谷物、油

料和油脂、蔬菜（鳞茎类）、蔬菜（芸薹属类）、蔬菜（叶菜类）、蔬菜（茄果类）、蔬菜（瓜类）、蔬菜（豆类）、蔬菜（茎类）、蔬菜（根茎类和薯芋类）、蔬菜（水生类）、蔬菜（芽菜类）、蔬菜（其他类）、干制蔬菜、水果（柑橘类）、水果（仁果类）、水果（核果类）、水果（浆果和其他小型水果）、水果（热带和亚热带水果）、水果（瓜果类）、干制水果、坚果、糖料、饮料类、食用菌、调味料、药用植物、动物源性食品等28大类食品中2,4-滴等564种农药10092项最大残留限量指标。为明确农药最大残留限量应用范围，标准对食品类别及测定部位进行了明确界定。如某种农药的最大残留限量应用于某一食品类别时，在该食品类别下的所有食品均适用，有特别规定的除外。此外标准还列出了豁免制定食品中最大残留限量标准的农药名单，用于界定不需要制定食品中农药最大残留限量的范围。

2）标准中的农药残留指标设置

《食品安全国家标准 食品中农药最大残留限量标准》（GB 2763—2021）规定了564种农药的最大残留限量指标，44种豁免制定食品中最大残留限量标准的农药。部分农药最大残留限量见表4-4；部分豁免制定食品中最大残留限量标准的农药名单见表4-5。

表4-4 《食品安全国家标准 食品中农药最大残留限量》中部分农药最大残留限量

农药名称	食品种类	最大残留限量/（mg/kg）
2.4-滴钠盐	核果类水果	0.05
百草枯	鳞茎类蔬菜	0.05
苯硫威	水果	0.5
吡虫啉	花生仁	0.5
炳森锌	人参	0.3
草甘膦	苹果	0.5
除虫菊素	茄果类蔬菜	0.05
代森联	南瓜	0.2
稻丰散	橙	1
敌草胺	西瓜	0.05
敌敌畏	豆类蔬菜	0.2
敌菌灵	黄瓜	10
丁草胺	玉米	0.5
啶虫脒	芹菜	3
毒死蜱	黄瓜	0.1
对硫磷	杂粮类	0.1
多菌灵	韭菜	2
二苯胺	牛肝	0.05
二嗪磷	哈密瓜	0.2

农药名称	食品种类	最大残留限量/（mg/kg）
呋虫胺	茶叶	20
氟虫腈	芽菜类蔬菜	0.02
氟环唑	香蕉	3
福美双	大蒜	0.5
甲草胺	姜	0.05

表 4-5 《食品安全国家标准　食品中农药最大残留限量》部分豁免农药清单

中文名称	英文名称	中文名称	英文名称
枯草芽孢杆菌	Bacillus subtilis	香菇多糖	lentinian
木霉菌	Trichoderma spp.	蝗虫微孢子虫	Nosema locustae
菜青虫颗粒体病毒	Pieris rapae granulosis virus（PiraGV）	低聚糖素	oligosaccharide
三十烷醇	triacontanol	小盾壳霉	Coniothyrium minitans
聚半乳糖醛酸酶	Polygalacturonase	Z-8-十二碳烯乙酯	Z-8-dodecen-1-yl acetate
超敏蛋白	harpin protein	Z-8-十二碳烯醇	Z-8-dodecen-1-ol
S-诱抗素	S-abscisic acid	混合脂肪酸	Mixedfattyacids

5. 食品中兽药最大残留限量标准

兽药残留是影响食品安全的主要因素之一。随着人们对食品安全的重视程度越来越高，动物源性食品中兽药残留也越来越受到大众关注。兽药残留是指用药后蓄积或存留于畜禽机体或产品（如鸡蛋、乳品、肉品等）中原型药物或其代谢产物，包括与兽药有关的杂质的残留。残留的兽药随动物源性食品进入人体，危害人体健康。为保障动物源性食品安全、规范动物源性食品生产经营、维护公众健康，《食品安全国家标准　食品中兽药最大残留限量》（GB 31650—2019）于 2020 年 4 月 1 日正式实施。该标准代替农业部公告第235 号《动物性食品中兽药最高残留限量》相关部分，增加了"可食下水"和"其他食品动物"的术语定义；增加了阿维拉霉素等 13 种兽药及残留限量；增加了阿苯达唑等 28 种兽药的残留限量；增加了阿莫西林等 15 种兽药的日允许摄入量；增加了醋酸等 73 种允许用于食品动物，但不需要制定残留限量的兽药；修订了乙酰异戊酰泰乐菌素等 17 种兽药的中文名称或英文名称；修订了安普霉素等 9 种兽药的日允许摄入量；修订了阿苯达唑等15 种兽药的残留标志物；修订了阿维菌素等 29 种兽药的靶组织和残留限量；修订了阿莫西林等 23 种兽药的使用规定；删除了蝇毒磷的残留限量；删除了氨丙啉等 6 种允许用于食品动物，但不需要制定残留限量的兽药；不再收载禁止药物及化合物清单。

1）标准的适用范围和主要内容

《食品安全国家标准　食品中兽药最大残留限量标准》（GB 31650—2019）规定了动物性食品中阿苯达唑等 104 种（类）兽药的最大留残限量；规定了醋酸等 154 种允许用于

食品动物，但不需要制定残留限量的兽药；规定了氯丙嗪等9种允许作治疗用，但不得在动物性食品中检出的兽药。本标准适用于与最大残留限量相关的动物性食品。

2）标准中的兽药残留指标设置

《食品安全国家标准　食品中兽药最大残留限量标准》（GB 31650—2019）中兽药主要包括3种情况，分别是：已批准动物性食品中最大残留限量规定的兽药；允许用于食品动物，但不需要制定残留限量的兽药；允许作治疗用，但不得在动物性食品中检出的兽药。具体内容如表4-6～表4-8所示。

表4-6　已批准动物性食品中最大残留限量规定的兽药（部分）

兽药名称	动物种类	靶组织	最大残留限量/(μg/kg)
阿莫西林	所有食品动物（产蛋期禁用）	肌肉	50
氨丙啉	牛	脂肪	2 000
杆菌肽	家禽	蛋	500
倍他米松	猪	肾	0.75
达氟沙星	鱼	皮+肉	100
越霉素	猪	可食组织	2 000
地塞米松	牛	奶	0.3
二氟沙星	猪	肝	800
多西环素	牛	肌肉	100
红霉素	鸡	蛋	50
庆大霉素	鸡	可食组织	100
吉他霉素	猪	可食下水	200
莫能菌素	羊	肝	20
氯苯胍	鸡	皮+脂	200
大观霉素	鸡	蛋	2 000
磺胺氯甲嘧啶	所有食品动物（产蛋期禁用）	肌肉	100
磺胺类	所有食品动物（产蛋期禁用）	脂肪	100
敌百虫	牛	肌肉	50
泰万菌素	猪	肝	50
维吉尼亚霉素	猪	肌肉	100

表4-7　允许用于食品动物，但不需要制定残留限量的兽药（部分）

兽药名称	动物种类	兽药名称	动物种类
醋酸	牛、马	可的松	马、牛、羊、猪
氯化铵	马、牛、羊、猪	二甲硅油	牛、羊
甜菜碱	所有食品动物	乙醇	所有食品动物

兽药名称	动物种类	兽药名称	动物种类
硼砂	所有食品动物	叶酸	所有食品动物
咖啡因	所有食品动物	明胶	所有食品动物
泛酸钙	所有食品动物	甘油	所有食品动物
次氯酸钙	所有食品动物	葡萄糖	马、牛、羊、猪
氯己定	所有食品动物	—	—

表 4-8　允许作治疗用，但不得在动物性食品中检出的兽药

兽药名称	动物种类	靶组织
氯丙嗪	所有食品动物	所有可食动物
地西泮（安定）	所有食品动物	所有可食动物
地美硝唑	所有食品动物	所有可食动物
苯甲酸雌二醇	所有食品动物	所有可食动物
潮霉素 B	猪、鸡	可食组织、鸡蛋
甲硝唑	所有食品动物	所有可食动物
苯丙酸诺龙	所有食品动物	所有可食动物
丙酸睾酮	所有食品动物	所有可食动物
赛拉嗪	产奶动物	奶

此外，除了《食品安全国家标准　食品中兽药最大残留限量标准》（GB 31650—2019），中华人民共和国农业农村部公告（包括第 250 号、第 284 号、第 350 号等）中明确列出了食品动物中禁止使用的药品及其他化合物清单及新批准的兽药清单。共同进行兽药残留监控工作，保证动物性食品卫生安全。

引导问题

确定产品合规指标要求应依次查找哪些标准？

（二）食品指标合规判断

1. 确定产品分类及执行标准

食品分类以"主要原料"为主要分类原则，同时结合主要工艺、产品形态、消费方式、包装形式或主要成分等特征属性。产品分类可以通过分类术语标准中的定义判定，通过搜索关键词查询，如"分类""术语""通则"等。查询到的标准有《食品工业基本术

语》（GB/T 15091—1994）、《水产品加工术语》（GB/T 36193—2018）、《调味品分类》（GB/T 20903—2007）、《糕点分类》（GB/T 30645—2014）、《大豆食品分类》（SB/T 10687—2012）等，在这类标准中有食品的分类、定义及适用范围。

如某产品配料为：麦芽糖醇，可可液块、可可脂、大豆磷脂、食用香精。总可可固形物含量大于或等于53%。《食品安全国家标准 巧克力、代可可脂巧克力及其制品》（GB 9678.2—2014）中巧克力是以可可制品（可可脂、可可块或可可液块/巧克力浆、可可油饼、可可粉）和（或）白砂糖为主要原料，添加或不添加乳制品、食品添加剂，经特定工艺制成的在常温下保持固体或半固体状态的食品。食品安全国家标准明确允许使用的配料，其中主要原料是可可制品（可可脂、可可块或可可液块/巧克力浆、可可油饼、可可粉）和（或）白砂糖加工制成的产品为巧克力产品，因此上述配料的产品类型可以为巧克力。

需要注意的是，同一产品在不同的标准中所属的分类可能不同，需要依据相应标准的分类原则来确定分类，进而确定其应符合的指标要求。例如，对芹菜的污染物指标进行判定时，应依据 GB 2762—2022 的食品分类体系，将其归属为茎类蔬菜；而对其农药残留指标进行判定时，应依据 GB 2763—2021 的食品分类体系，将其归属为叶菜类蔬菜。对乳糖的真菌毒素指标进行判定时，应依据 GB 2761—2017 的食品分类体系，将其归属为糖类；对乳糖的污染物指标进行判定时，应依据 GB 2762—2022 的食品分类体系，将其归属为乳及乳制品。

2. 确定产品合规指标要求

确定产品分类及产品标准后，需要依据前述食品产品指标的构成，确定产品合规指标要求，包括产品标准、通用标准、法规公告中指标。

（1）产品标准。食品安全国家标准中的产品标准按照产品的类别，规定了各种健康影响因素的限量要求，包括各大类食品的定义、感官、理化和微生物等要求。

（2）通用标准。通用标准主要规定了各类食品安全健康危害物质的限量要求，包括《食品安全国家标准 预包装食品中致病菌限量》（GB 29921—2021）、《食品安全国家标准 散装即食食品中致病菌限量》（GB 31607—2021）、《食品安全国家标准 食品中真菌毒素限量》（GB 2761—2017）、《食品安全国家标准 食品中污染物限量》（GB 2762—2022）、《食品安全国家标准 食品中农药最大残留限量》（GB 2763—2021）、《食品安全国家标准 食品中兽药最大残留限量》（GB 31650—2019）等。

（3）法规公告中指标。食品产品指标的确定必须完整准确，尤其不要遗漏标准修改单及专门公告中的要求。例如，《花生油》（GB/T 1534—2017）1 号修改单将压榨成品一级花生油质量指标加热试验（280℃）指标由"无析出油，油色不变"修改为"无析出油，油色不得变深"，二级花生油质量指标加热试验（280℃）指标由"允许微量析出物和油色变深"修改为"允许微量析出物和油色变深，但不得变黑"。

巴氏杀菌乳的指标要求汇总见表 4-9。

表 4-9 巴氏杀菌乳的指标要求汇总

产品指标要求	标准指标	标准法规来源	生效日期	检验方法
原料要求	生乳应符合 GB 19301—2010 的要求	GB 19645—2010	2010/12/1	GB 19301—2010

产品指标要求		标准指标	标准法规来源	生效日期	检验方法
感官要求	色泽	呈乳白色或微黄色	GB 19645—2010	2010/12/1	GB 19645—2010
	气味/滋味	具有乳固有的香味，无异味	GB 19645—2010	2010/12/1	GB 19645—2010
	可视状态	呈均匀一致液体，无凝块、无沉淀、无正常视力可见异物	GB 19645—2010	2010/12/1	GB 19645—2010
理化指标	乳脂肪	脂肪≥3.1 g/100 g	GB 19645—2010	2010/12/1	GB 5009.6—2016
	蛋白质	牛乳：≥2.9 g/100 g 羊乳：≥2.8 g/100 g	GB 19645—2010	2010/12/1	GB 5009.5—2016
	非脂乳固体	≥8.1 g/100 g	GB 19645—2010	2010/12/1	GB 5413.39—2010
	酸度	牛乳：12~18°T 羊乳：6~13°T	GB 19645—2010	2010/12/1	GB 5009.239—2016
污染物限量	铅	≤0.05 mg/kg （以 Pb 计）	GB 2762—2022	2022/6/30	GB 5009.12—2023
	汞	总汞：≤0.01 mg/kg （以 Hg 计）甲基汞	GB 2762—2022	2022/6/30	GB 5009.17—2021
	砷	总砷：≤0.1 mg/kg （以 As 计）无机砷	GB 2762—2022	2022/6/30	GB 5009.11—2014
	锡	≤250 mg/kg（以 Sn 计，仅适用于采用镀锡薄板容器包装的食品）	GB 2762—2022	2022/6/30	GB 5009.16—2023
	铬	0.3 mg/kg	GB 2762—2022	2022/6/30	GB 5009.123—2023
	三聚氰胺	≤2.5 mg/kg	卫生部等 5 部门关于三聚氰胺在食品中的限量值的公告（2011 年第 10 号）	2011/4/6	GB/T 22388—2008
微生物要求（若非指定，以 CFU/g 或 CFU/mL 表示）	大肠菌群	$n=5$, $c=2$, $m=1$ CFU/g（mL），$M=5$ CFU/g（mL）	GB 19645—2010	2010/12/1	GB 4789.3—2016 平板计数法
	菌落总数	$n=5$, $c=2$, $m=50\ 000$ CFU/g（mL），$M=100\ 000$ CFU/g（mL）	GB 19645—2010	2010/12/1	GB 4789.2—2022

三、食品标签合规管理

引导问题

查找一款预包装食品的标签，并记录标签上标志了哪些内容，该标签符合标准吗？

_____

_____

（一）普通食品标签要求

普通食品标签的要求

《食品安全国家标准　预包装食品标签通则》（GB 7718—2011）规定了预包装食品标签的通用性要求，是《中华人民共和国食品安全法》及其实施条例对食品标签的具体要求的细化。

标准适用于直接提供给消费者的预包装食品标签和非直接提供给消费者的预包装食品标签，不适用于为预包装食品在贮藏运输过程中提供保护的食品贮运包装标签、散装食品和现制现售食品的标志。

1. 标签的基本要求

（1）应符合法律、法规的规定，并符合相应食品安全标准的规定。

（2）应清晰、醒目、持久，应使消费者购买时易于辨认和识读。

（3）应通俗易懂、有科学依据，不得标示封建迷信、色情、贬低其他食品或违背营养科学常识的内容。

（4）应真实、准确，不得以虚假、夸大、使消费者误解或欺骗性的文字、图形等方式介绍食品，也不得利用字号大小或色差误导消费者。

（5）不应直接或以暗示性的语言、图形、符号，误导消费者将购买的食品或食品的某一性质与另一产品混淆。

（6）不应标注或者暗示具有预防、治疗疾病作用的内容，非保健食品不得明示或者暗示具有保健作用。

（7）不应与食品或者其包装物（容器）分离。

（8）应使用规范的汉字（商标除外）。具有装饰作用的各种艺术字，应书写正确，易于辨认。

（9）预包装食品包装物或包装容器最大表面面积大于 35 cm^2 时，强制标示内容的文字、符号、数字的高度不得小于 1.8 mm。

（10）一个销售单元的包装中含有不同品种、多个独立包装可单独销售的食品，每件独立包装的食品标志应当分别标注。

（11）若外包装易于开启识别或透过外包装物能清晰地识别内包装物（容器）上的所

有强制标示内容或部分强制标示内容，可不在外包装物上重复标示相应的内容；否则应在外包装物上按要求标示所有强制标示内容。

2. 标签标示内容

直接向消费者提供的预包装食品标签标示应包括食品名称、配料表、净含量和规格、生产者和（或）经销者的名称、地址和联系方式、生产日期和保质期、贮存条件、食品生产许可证编号、产品标准代号及其他需要标示的内容。非直接提供给消费者的预包装食品标签应按照要求标示食品名称、规格、净含量、生产日期、保质期和贮存条件，其他内容如未在标签上标注，则应在说明书或合同中注明。

（1）食品名称。食品名称应标在食品标签的醒目位置，清晰地标示反映食品真实属性的专用名称。当标示"新创名称""奇特名称""音译名称""牌号名称""地区俚语名称"或"商标名称"时，应在所示名称的同一展示版面邻近部位使用同一字号标示食品真实属性的专用名称。当食品真实属性的专用名称因字号或字体颜色不同易使人误解食品属性时，也应使用同一字号及同一字体颜色标示食品真实属性的专用名称。为不使消费者误解或混淆食品的真实属性、物理状态或制作方法，可以在食品名称前或食品名称后附加相应的词语或短语。如"干燥的""浓缩的""复原的""熏制的""油炸的""粉末的""粒状的"等。

（2）配料表。预包装食品的标签上应标示配料表，配料表应以"配料"或"配料表"为引导词。当加工过程中所用的原料已改变为其他成分（如酒、酱油、食醋等发酵产品）时，可用"原料"或"原料与辅料"代替"配料""配料表"，并按本标准相应条款的要求标示各种原料、辅料和食品添加剂。各种配料应按制造或加工食品时加入量的递减顺序一一排列，加入量不超过2%的配料可以不按递减顺序排列。如果某种配料是由两种或两种以上的其他配料构成的复合配料（不包括复合食品添加剂），应在配料表中标示复合配料的名称，随后将复合配料的原始配料在括号内按加入量的递减顺序标示。另外食品添加剂应当标示其在《食品安全国家标准　食品添加剂使用标准》（GB 2760—2024）中的食品添加剂通用名称。食品添加剂通用名称可以标示为食品添加剂的具体名称，也可标示为食品添加剂的功能类别名称并同时标示食品添加剂的具体名称或国际编码（INS 号）。如果在食品标签或食品说明书上特别强调添加了或含有一种或多种有价值、有特性的配料或成分，应标示所强调配料或成分的添加量或在成品中的含量。

（3）净含量和规格。净含量的标示应由净含量、数字和法定计量单位组成。依据法定计量单位，按以下形式标示包装物（容器）中食品的净含量：

液态食品，用体积升（L）、毫升（mL），或用质量克（g）、千克（kg）；

固态食品，用质量克（g）、千克（kg）；

半固态或黏性食品，用质量克（g）、千克（kg）或体积升（L）、毫升（mL）。

净含量的计量单位应按表 4 – 10 标示。净含量字符的最小高度应符合表 4 – 11 的规定。

表4-10 净含量计量单位的标示方式

计量方式	净含量（Q）的范围	计量单位
体积	$Q < 1\ 000\ \text{mL}$ $Q \geq 1\ 000\ \text{mL}$	毫升（mL） 升（L）
质量	$Q < 1\ 000\ \text{g}$ $Q \geq 1\ 000\ \text{g}$	克（g） 千克（kg）

表4-11 净含量字符的最小高度

净含量（Q）的范围	字符的最小高度 mm
$Q \leq 50\ \text{mL}$；$Q \leq 50\ \text{g}$	2
$50\ \text{mL} < Q \leq 200\ \text{ml}$；$50\ \text{g} < Q \leq 200\ \text{g}$	3
$200\ \text{mL} < Q \leq 1\ \text{L}$；$200\ \text{g} < Q \leq 1\ \text{kg}$	4
$Q > 1\ \text{kg}$；$Q > 1\ \text{L}$	6

净含量应与食品名称在包装物或容器的同一展示版面标示。容器中含有固、液两相物质的食品，且固相物质为主要食品配料时，除标示净含量外，还应以质量或质量分数的形式标示沥干物（固形物）的含量。同一预包装内含有多个单件预包装食品时，大包装在标示净含量的同时还应标示规格。规格的标示应由单件预包装食品净含量和件数组成，或只标示件数，可不标示"规格"二字。

（4）生产者、经销者的名称、地址和联系方式。预包装食品应当标注生产者的名称、地址和联系方式。生产者名称和地址应当是依法登记注册、能够承担产品安全质量责任的生产者的名称、地址。受其他单位委托加工预包装食品的，应标示委托单位和受委托单位的名称和地址，或仅标示委托单位的名称和地址及产地，产地应当按照行政区划标注到地市级地域。

依法承担法律责任的生产者或经销者的联系方式应至少标示一种诸如电话、传真、网络或与地址一并标示的邮政地址等联系方式。进口预包装食品应标示原产国国名或地区区名（如中国香港、澳门及台湾地区），以及在中国依法登记注册的代理商、进口商或经销者的名称、地址和联系方式，可不标示生产者的名称、地址和联系方式。

（5）日期标示。预包装食品的生产日期和保质期应清晰标示。如日期标示采用"见包装物某部位"的形式，应标示所在包装物的具体部位。当同一预包装内含有多个标示了生产日期及保质期的单件预包装食品时，外包装上标示的保质期应按最早到期的单件食品的保质期计算。外包装上标示的生产日期应为最早生产的单件食品的生产日期，或外包装形成销售单元的日期；也可在外包装上分别标示各单件装食品的生产日期和保质期。应按年、月、日的顺序标示日期，如果不按此顺序标示，应注明日期标示顺序。

（6）贮存条件。预包装食品标签应标示贮存条件。

（7）食品生产许可证编号。预包装食品标签应标示食品生产许可证编号。

（8）产品标准代号。在国内生产并在国内销售的预包装食品（不包括进口预包装食品）应标示产品所执行的标准代号和顺序号。

（9）其他标示内容。辐照食品：经电离辐射线或电离能量处理过的食品，应在食品名称附近标示"辐照食品"。经电离辐射线或电离能量处理过的任何配料，应在配料表中标明。

转基因食品：转基因食品的标示应符合相关法律、法规的规定。

营养标签：特殊膳食类食品和专供婴幼儿的主辅类食品，应当标示主要营养成分及其含量，标示方式按照《食品安全国家标准　预包装特殊膳食用食品标签》（GB 13432—2013）执行。

质量（品质）等级食品：所执行的相应产品标准已明确规定质量（品质）等级的，应标示质量（品质）等级。

3. 标签标示内容的豁免

下列预包装食品可以免除标示保质期。

（1）酒精度大于或等于10%的饮料酒、食醋、食用盐、固态食糖类、味精。

（2）当预包装食品包装物或包装容器的最大表面面积小于10 cm² 时，可以只标示产品名称、净含量、生产者（或经销商）的名称和地址。

4. 推荐标示内容

（1）批号：根据产品需要，可以标示产品的批号。

（2）食用方法：根据产品需要，可以标示容器的开启方法、食用方法、烹调方法、复水再制方法等对消费者有帮助的说明。

（3）致敏物质：以下食品及其制品可能导致过敏反应，如果用作配料，宜在配料表中使用易辨识的名称，或在配料表邻近位置加以提示：含有麸质的谷物及其制品（如小麦、黑麦、大麦、燕麦、斯佩耳特小麦或它们的杂交品系）；甲壳纲类动物及其制品（如虾、龙虾、蟹等）；鱼类及其制品；蛋类及其制品；花生及其制品；大豆及其制品；乳及乳制品（包括乳糖）；坚果及其果仁类制品。如加工过程中可能带入上述食品或其制品，宜在配料表临近位置加以提示。

《食品安全国家标准　预包装食品标签通则》（GB 7718—2011）规定了预包装食品标签的通用性要求，如果其他食品安全国家标准有特殊规定的，应同时执行预包装食品标签的通用性要求和特殊规定。同时，如果其他相关规定、规范性文件规定的相应内容与 GB 7718—2011 不一致的，应当按照 GB 7718—2011 执行。

引导问题

查找纯牛奶的营养标签并记录下来，你能解释其中的含义吗？

_____

_____

（二）食品营养标签要求

所谓营养标签，就是预包装食品标签上向消费者提供食品营养信息和特性的说明，包括营养成分表、营养声称和营养成分功能声

食品营养标签的要求

称，是预包装食品标签的一部分。《食品安全国家标准　预包装食品营养标签通则》（GB 28050—2011）将预包装食品营养标签的要求上升到国家食品安全标准的高度，并作为强制性标准实施。

1. 基本要求

（1）预包装食品营养标签标示的任何营养信息，应真实、客观，不得标示虚假信息，不得夸大产品的营养作用或其他作用。

（2）预包装食品营养标签应使用中文。如同时使用外文标示的，其内容应当与中文相对应，外文字号不得大于中文字号。

（3）营养成分表应以一个"方框表"的形式表示（特殊情况除外），方框可为任意尺寸，并与包装的基线垂直，表题为"营养成分表"。

（4）食品营养成分含量应以具体数值标示，数值可通过原料计算或产品检测获得。各营养成分的营养素参考值（NRV）应按标准规定的要求标注。

（5）营养标签的格式应符合要求，食品企业可根据食品的营养特性、包装面积的大小和形状等因素选择使用适合的推荐格式。

（6）营养标签应标在向消费者提供的最小销售单元的包装上。

2. 强制标示内容

（1）所有预包装食品营养标签强制标示的内容包括能量、核心营养素的含量值及其占营养素参考值（NRV）的百分比。

（2）当标示其他成分时，应采取适当形式使能量和核心营养素的标示更加醒目。

（3）对除能量和核心营养素外的其他营养成分进行营养声称或营养成分功能声称时，在营养成分表中还应标示出该营养成分的含量及其占营养素参考值（NRV）的百分比。

（4）使用了营养强化剂的预包装食品，在营养成分表中还应标示强化后食品中该营养成分的含量值及其占营养素参考值（NRV）的百分比。

（5）食品配料含有或生产过程中使用了氢化和（或）部分氢化油脂时，在营养成分表中还应标示出反式脂肪（酸）的含量。未规定营养素参考值（NRV）的营养成分仅需标示含量。

3. 营养声称

（1）含量声称：食品中能量或营养成分含量水平的声称。声称用语包括"含有""高""低"或"无"等。

（2）比较声称：与消费者熟知的同类食品的营养成分含量或能量值进行比较以后的声称。声称用语包括"增加"或"减少"等。

4. 营养成分功能声称

营养成分功能声称指某营养成分可以维持人体正常生长、发育和正常生理功能等作用的声称。根据标准规定，当某营养成分含量标示值符合标准中的含量要求和限制性条件时，可对该成分进行含量声称和比较声称。另外只能声称某种营养素对人体的生理作用，不得声称或暗示有治愈、治疗或预防疾病的作用。

5. 豁免强制标示营养标签的预包装食品

豁免强制标示营养标签的预包装食品包括：①生鲜食品，如包装的生肉、生鱼、生蔬菜和水果、禽蛋等；②乙醇含量大于或等于 0.5% 的饮料酒类；③包装总表面积小于或等于 100 cm² 或最大表面面积小于或等于 20 cm² 的食品；④现制现售的食品；⑤包装的饮用水；⑥每日食用量小于或等于 10 g 或 10 mL 的预包装食品；⑦其他法律法规标准规定可以不标示营养标签的预包装食品。

豁免强制标示营养标签的预包装食品，如果在其包装上出现任何营养信息时，应按照本标准执行。

引导问题

进口水产品的标签应标示哪些内容？

_____

_____

（三）其他食品标签要求

1. 特殊膳食用食品标签要求

所谓特殊膳食用食品是指为满足特殊的身体或生理状况和（或）满足疾病、紊乱等状态下的特殊膳食需求，专门加工或配方的食品。这类食品的营养素和（或）其他营养成分的含量与可类比的普通食品有显著不同。

为确保特殊膳食用食品标签标准与现行特殊膳食用食品产品标准和相关标准相衔接，根据《中华人民共和国食品安全法》和《食品安全国家标准管理办法》，《食品安全国家标准 预包装特殊膳食用食品标签》（GB 13432—2013）于 2015 年 7 月 1 日起施行。该标准根据我国特殊膳食用食品产业发展实际，结合了公众对特殊膳食用食品标签标志需求，不仅提高了标准的科学性和标签的健康指导意义，同时注重与法律法规和其他食品及标签标准的衔接和配套，确保了政策的连贯性和稳定性。

特殊膳食用食品的类别主要包括以下几种。

（1）婴幼儿配方食品：婴儿配方食品；较大婴儿和幼儿配方食品；特殊医学用途婴儿配方食品。

（2）婴幼儿辅食食品：婴幼儿谷类辅助食品；婴幼儿罐装辅助食品。

（3）特殊医学用途配方食品（特殊医学用途婴儿配方食品涉及的品种除外）。

（4）其他特殊膳食用食品（包括辅食营养补充品、运动营养食品，以及其他具有相应国家标准的特殊膳食用食品）。

《食品安全国家标准 预包装特殊膳食用食品标签》（GB 13432—2013）规定，预包装特殊膳食用食品标签的标示内容应符合 GB 7718—2011 中相应条款的要求。只有符合该标准中特殊膳食用食品定义的食品才可以在名称中使用"特殊膳食用食品"或相应的描述产品特殊性的名称。预包装特殊膳食用食品中能量和营养成分的含量应以每 100 g 和（或）每 100 mL 和（或）每份食品可食部中的具体数值来标示。当用份标示时，应标明每份食品的量，份的大小可根据食品的特点或推荐量规定。如有必要或相应产品标准中另有要求的，还应标示出每 100 kJ 产品中各营养成分的含量。能量或营养成分的标示数值可通过产品检测或原料计算获得。在产品保质期内，能量和营养成分的实际含量不应低于标示值的80%，并应符合相应产品标准的要求。当预包装特殊膳食用食品中的蛋白质由水解蛋白质或氨基酸提供时，"蛋白质"项可用"蛋白质""蛋白质（等同物）"或"氨基酸总量"任意一种方式来标示。

另外食品标签应标示预包装特殊膳食用食品的食用方法、每日或每餐食用量，必要时应标示调配方法或复水再制方法。此外还应标示预包装特殊膳食用食品的适宜人群，对于特殊医学用途婴儿配方食品和特殊医学用途配方食品，适宜人群按产品标准要求标示。

2. 进出口食品标签要求

2011年国家质量监督检验检疫总局发布了《进出口食品安全管理办法》，2021年进行了修订，新的《进出口食品安全管理办法》自2022年1月1日起实施。该管理办法的第三十条规定进口食品的包装和标签、标志应当符合中国法律法规和食品安全国家标准；依法应当有说明书的，还应当有中文说明书。具体要求如下。

（1）进口食品的包装和标签、标志应当符合中国法律法规和食品安全国家标准；依法应当有说明书的，还应当有中文说明书。

（2）对于进口鲜冻肉类产品，内外包装上应当有牢固、清晰、易辨的中英文或者中文和出口国家（地区）文字标志，标明以下内容：产地国家（地区）、品名、生产企业注册编号、生产批号；外包装上应当以中文标明规格、产地（具体到州/省/市）、目的地、生产日期、保质期限、贮存温度等内容，必须标注目的地为中华人民共和国，加施出口国家（地区）官方检验检疫标志。

（3）对于进口水产品，内外包装上应当有牢固、清晰、易辨的中英文或者中文和出口国家（地区）文字标志，标明以下内容：商品名和学名、规格、生产日期、批号、保质期限和保存条件、生产方式（海水捕捞、淡水捕捞、养殖）、生产地区（海洋捕捞海域、淡水捕捞国家或者地区、养殖产品所在国家或者地区）、涉及的所有生产加工企业（含捕捞船、加工船、运输船、独立冷库）名称、注册编号及地址（具体到州/省/市）、必须标注目的地为中华人民共和国。

（4）进口保健食品、特殊膳食用食品的中文标签必须印制在最小销售包装上，不得加贴。

（5）进口食品内外包装有特殊标志规定的，按照相关规定执行。

2019年为贯彻落实国务院深化"放管服"改革要求，进一步提高口岸通关效率，海关总署发布了《进出口预包装食品标签检验监督管理有关事宜的公告》，该公告第一条规定"自2019年10月1日起，取消首次进口预包装食品标签备案要求。进口预包装食品标签作为食品检验项目之一，由海关依照食品安全和进出口商品检验相关法律、行政法规的规定检验。"第六条提出"出口预包装食品生产企业应当保证其出口的预包装食品标签符合进口国（地区）的标准或者合同要求。"

3. 转基因食品标签要求

转基因食品是指利用基因工程技术改变基因组构成的动物、植物和微生物生产的食品和食品添加剂，包括：转基因动植物、微生物产品；转基因动植物、微生物直接加工品以及转基因动植物、微生物或其直接加工品为原料生产的食品和食品添加剂。

2004年国家质量监督检验检疫总局令第62号《农业转基因生物标志管理办法》颁

布，后于 2004 年农业部令第 38 号、2017 年农业部令第 8 号修订。该办法第六条对转基因食品标志的标注方法规定如下。

（1）转基因动植物（含种子、种畜禽、水产苗种）和微生物，转基因动植物、微生物产品，含有转基因动植物、微生物或者其产品成份的种子、种畜禽、水产苗种、农药、兽药、肥料和添加剂等产品，直接标注"转基因××"。

（2）转基因农产品的直接加工品，标注为"转基因××加工品（制成品）"或者"加工原料为转基因××"。

（3）用农业转基因生物或用含有农业转基因生物成分的产品加工制成的产品，但最终销售产品中已不再含有或检测不出转基因成分的产品，标注为"本产品为转基因××加工制成，但本产品中已不再含有转基因成分"或者标注为"本产品加工原料中有转基因××，但本产品中已不再含有转基因成分"。

第一批实施标志管理的农业转基因生物目录包括：①大豆种子、大豆、大豆粉、大豆油、豆粕；②玉米种子、玉米、玉米油、玉米粉（含税号为 11022000、11031300、11042300 的玉米粉）；③油菜种子、油菜籽、油菜籽油、油菜籽粕；④棉花种子；⑤番茄种子、鲜番茄、番茄酱。

为加强进出境转基因产品检验检疫管理，保障人体健康和动植物、微生物安全，2004 年国家质量监督检验检疫总局令第 62 号发布了《进出境转基因产品检验检疫管理办法》，并于 2018 年 3 月、4 月、11 月和 2023 年 3 月进行了四次修订。该办法规定"办理进境报检手续时，应当在《入境货物报检单》的货物名称栏中注明是否为转基因产品。申报为转基因产品的，除按规定提供有关单证外，还应当取得法律法规规定的主管部门签发的《农业转基因生物安全证书》或者相关批准文件。海关对《农业转基因生物安全证书》电子数据进行系统自动比对验核。"对于实施标志管理的进境转基因产品，符合农业转基因生物标志的审查认可批准文件的，准予进境；未标志的不得进境。

4. 保健食品标签要求

保健食品是指具有特定保健功能或者以补充维生素、矿物质为目的的食品。适宜于特定人群食用，不以治疗疾病为目的，具有调节机体功能的作用，对人体不产生任何急性、亚急性或者慢性危害。

1996 年卫生部发布的《保健食品标志规定》，对保健食品标志和产品说明书的内容作了详细的说明，包括保健食品的名称、保健食品的标志与保健食品批准文号、净含量、配料、功效成分、保健作用、保健食品生产企业名称与地址等。这项中国关于保健食品标签标志的重要法规第四条、第五条明确了保健食品标志与产品说明书的所有标志内容必须符合以下基本原则。

（1）保健食品名称、保健作用、功效成分、适宜人群和保健食品批准文号必须与卫生部颁发的《保健食品批准证书》所载明的内容相一致。

（2）标志应科学、通俗易懂，不得利用封建迷信进行保健食品宣传。

（3）应与产品的质量要求相符，不得以误导性的文字、图形、符号描述或暗示某一保健食品或保健食品的某一性质与另一产品的相似或相同。

（4）不得以虚假、夸张或欺骗性的文字、图形、符号描述或暗示保健食品的保健作用，也不得描述或暗示保健食品具有治疗疾病的功用。

（5）保健食品标志不得与包装容器分开。所附的产品说明书应置于产品外包装内。

（6）各项标志内容应按本办法的规定标示于相应的版面内，当有一个"信息版面"不够时，可标于第二个"信息版面"。

（7）保健食品标志和产品说明书的文字、图形、符号必须清晰、醒目、直观，易于辨认和识读。背景和底色应采用对比色。

（8）保健食品标志和产品说明书的文字、图形、符号必须牢固、持久，不得在流通和食用过程中变得模糊甚至脱落。

（9）必须以规范的汉字为主要文字，可以同时使用汉语拼音、少数民族文字或外文，但必须与汉字内容有直接的对应关系，并书写正确。所使用的汉语拼音或外国文字不得大于相应的汉字。

2016 年，国家食品药品监督管理总局发布《保健食品注册与备案管理办法》，根据2020 年国家市场监督管理总局令第 31 号修订实施。该办法第五章指出：申请保健食品注册应当提交产品标签、说明书样稿。产品标签、说明书样稿应当包括产品名称、原料、辅料、功效成分或者标志性成分及含量、适宜人群、不适宜人群、保健功能、食用量及食用方法、规格、贮藏方法、保质期、注意事项等内容及相关制定依据和说明等。保健食品的标签、说明书主要内容不得涉及疾病预防、治疗功能，必须注明"本品不能代替药物"等字样。

5. 鲜活农产品食品标签要求

鲜活农产品是指通过种植、养殖、捕捞、野生采集等方式获得，且未经深加工、未改变其物理化学形态和性状、保留其自然特性的农产品。

2016 年国家质量监督检验检疫总局发布了《鲜活农产品食品标签标志》（GB/T 32950—2016）。标准第四条规定了鲜活农产品标签标志的基本要求。

（1）鲜活农产品标签标志的主要内容及方式的确定，应充分考虑保障消费者健康和安全与合法权益：满足消费者识别鲜活农产品的需要；提供鲜活农产品属性和用途信息；提供鲜活农产品的质量信息、质量保证信息、来源及追溯信息的需要；满足鲜活农产品贸易双方的合理需要等。

（2）农产品生产企业、农民专业合作经济组织以及从事农产品收购的单位或者个人包装销售的鲜活农产品应当具有标签标志。

（3）标签标志可以采用不同的方式。如在包装上采取附加标签、标志牌、标志带或提供说明书等形式。对于有包装的鲜活农产品，应当在包装物上标注或者附加标志；散装、裸装的鲜活农产品，应当采取附加标签、标志牌、标志带、说明书或标志在鲜活农产品上（如畜禽胴体上）等形式。

（4）鲜活农产品标签标志的内容应真实、规范、准确、科学、通俗易懂。说明或表达方式应使用规范的中文，不应以错误的、引起误解的或欺骗的方式描述或介绍农产品，不应以直接或间接暗示性的语言、图形、符号导致消费者对鲜活农产品的混淆，不应误导、欺骗消费者或给消费者留下错误的印象。

（5）鲜活农产品标签标志上不应标志出容易误导的表述，如"比较好的""最好的""卫生的""健康的""有益健康的"等。

（6）当在鲜活农产品标签标志中使用"天然的""纯的""新鲜的""自制的""有机

生长的""生态的""无抗的"等词汇描述产品名称和性状时，应符合国家相关法律法规或标准的规定，并应有相关的质量保证文件。

（7）鲜活农产品标签标志应与其所标志的鲜活农产品的实际情况相符合，不应含有不真实的信息或无法证实的内容。

（8）鲜活农产品标签标志上不应包含宣传能够预防、缓解、减轻、治疗、治愈某种疾病和调节特定生理问题等方面的内容；不应包含可能引起消费者对类似鲜活农产品的安全生产怀疑或恐慌的内容。

四、食品接触材料及包装合规管理

引导问题

食品接触材料及制品的基本要求有哪些？

_____

_____

（一）食品接触材料合规管理

食品接触材料及制品是指在正常使用条件下，各种已经或预期可能与食品或食品添加剂接触、或其成分可能转移到食品中的材料和制品，包括食品生产、加工、包装、运输、贮存、销售和使用过程中用于食品的包装材料、容器、工具和设备，以及可能直接或间接接触食品的油墨、黏合剂、润滑油等；不包括洗涤剂、消毒剂和公共输水设施。

1. 食品接触材料及制品的基本要求

（1）食品接触材料及制品在推荐的使用条件下与食品接触时，迁移到食品中的物质水平不应危害人体健康。

（2）食品接触材料及制品在推荐的使用条件下与食品接触时，迁移到食品中的物质不应造成食品成分、结构或色香味等性质的改变，不应对食品产生技术功能（有特殊规定的除外）。

（3）食品接触材料及制品中使用的物质在可达到预期效果的前提下应尽可能降低在食品接触材料及制品中的用量。

（4）食品接触材料及制品中使用的物质应符合相应的质量规格要求。

（5）食品接触材料及制品生产企业应对产品中的非有意添加物质进行控制，使其迁移到食品中的量符合要求。

（6）对于不和食品直接接触且与食品之间有有效阻隔层阻隔的、未列入相应食品安全国家标准的物质，食品接触材料及制品生产企业应对其进行安全性评估和控制，使其迁移到食品中的量不超过 0.01 mg/kg。致癌、致畸、致突变物质及纳米物质不适用于以上原则，应按照相关法律法规执行。

（7）食品接触材料及制品的生产应符合要求。

2. 食品接触材料及制品的生产过程要求

1）生产加工卫生要求

生产工艺应保证最终产品不危害人体健康，不造成食品特性的改变；应避免使用或产生有毒有害物质，如无法避免应采取有效措施消除或降低其危害，确保产品符合国家相关法律法规和标准的要求。

企业应依据相关要求对首次使用的原辅料、配方和生产工艺进行安全评估并验证，检测主要控制指标并记录。试制品经检测合格后，方可投入批量生产。如原辅料及工艺等发生变更，应重新进行评估并记录。

企业应通过危害分析方法明确生产过程中影响产品安全的关键环节，并建立相应的控制措施。应对关键控制环节实施严格监控，落实控制措施的相关文件，如配料（投料）表、岗位操作规程等，并建立可追溯性记录。对有特殊生产要求的区域（如无菌包装产品、无菌消毒控制区域），应设置环境控制的整体范围，监测区域内的空气质量，避免受到化学品和微生物的污染，并将监测结果记录存档。生产过程中应采取措施识别、防止和消除外来异物的污染风险并防止交叉污染，外来异物包括但不限于刀片、非生产性玻璃、易碎塑料、木头及其他易与包装材料相混淆的材料等。

2）印刷卫生要求

用于食品接触材料及制品的印刷油墨应符合国家相关法律法规和标准的要求。用于食品接触材料及制品非食品接触面的印刷油墨层不应与食品直接接触。

在印刷油墨的配方设计、涂覆过程以及印刷半成品或成品的处理、贮存过程中，应确保印刷油墨不易从食品接触材料及制品上脱落；并应严格控制通过渗透过基材、因堆叠或卷绕引起的黏粘等方式造成的从印刷面转移到食品接触面的物质，确保其最终迁移到食品中的物质浓度符合食品安全要求，即不应危害人体健康和造成食品特性的改变。

（3）包装、贮存、运输卫生要求

用于包装、贮存和装卸的容器、工具和设备应保持清洁，不应对产品造成污染；包装方式应能有效防止二次污染。

企业应根据产品的物理特性和化学特性，选择合适的贮存和运输条件，并采取有效措施防止有毒有害物品的污染。在贮存和运输过程中应加强防护，防止成品出现损伤和污染。

企业应按照产品特点，根据国家相关法律法规和标准的要求制定产品的保质期。成品应标明检验状态，不合格品应单独存放，并明显标志。仓库中贮存的产品应定期检查，必要时应有温湿度记录，如有异常应及时处理。运输工具（如车辆、集装箱等）应清洁、干燥，且有防雨措施。

3. 食品接触材料及制品的添加剂使用原则

（1）食品接触材料及制品在推荐的使用条件下与食品接触时，迁移到食品中的添加剂及其杂质水平不应危害人体健康。

（2）食品接触材料及制品在推荐的使用条件下与食品接触时，迁移到食品中的添加剂不应造成食品成分、结构或色香味等性质的改变（有特殊规定的除外）。

（3）使用的添加剂在达到预期的效果下应尽可能降低在食品接触材料及制品中的

用量。

　　（4）使用的添加剂应符合相应的质量规格要求。

　　（5）列于《食品安全国家标准 食品添加剂使用标准》（GB 2760—2024）的物质，允许用作食品接触材料及制品用添加剂时，不得对所接触的食品本身产生技术功能。

4. 食品接触材料及制品的相关标准

　　我国颁布实施的食品接触材料相关标准主要包括食品接触材料及制品生产通用卫生规范、食品接触材料及制品通用安全要求、不同种类食品接触材料及制品的专用安全要求、食品接触材料及制品迁移试验通则和不同具体迁移试验专用国家标准等。

　　《食品安全国家标准 食品接触材料及制品生产通用卫生规范》（GB 31603—2015）适用于各类食品接触材料及制品的生产，规定了食品接触材料及制品的生产，从原辅料采购、加工、包装、贮存和运输等各个环节的场所、设施、人员的基本卫生要求和管理准则。《食品安全国家标准 食品接触材料及制品用添加剂使用标准》（GB 9685—2016）规定了食品接触材料及制品用添加剂的使用原则、允许使用的添加剂品种、使用范围、最大使用量、特定迁移限量或最大残留量、特定迁移总量限量及其他限制性要求。

　　《食品安全国家标准 食品接触材料及制品通用安全要求》（GB 4806.1—2016）适用于各类食品接触材料及制品，规定了食品接触材料及制品的基本要求、限量要求、符合性原则、检验方法、可追溯性和产品信息。《食品安全国家标准 搪瓷制品》（GB 4806.3—2016）等专用安全标准规定了具体种类食品接触材料及制品的感官要求和理化指标等。

　　《食品安全国家标准 食品接触材料及制品迁移试验通则》（GB 31604.1—2015）适用于各类食品接触材料及制品，规定了食品接触材料及制品迁移试验的通用要求。《食品安全国家标准 食品接触材料及制品 高锰酸钾消耗量的测定》（GB 31604.2—2016）等规定了食品接触材料及制品具体迁移试验的试验方法和结果分析等。部分食品接触材料国家标准见表4-12。

表4-12　部分食品接触材料国家标准

序号	标准编号	标准名称
1	GB 31603—2015	食品安全国家标准 食品接触材料及制品生产通用卫生规范
2	GB 4806.1—2016	食品安全国家标准 食品接触材料及制品通用安全要求
3	GB 4806.3—2016	食品安全国家标准 搪瓷制品
4	GB 4806.4—2016	食品安全国家标准 陶瓷制品
5	GB 4806.5—2016	食品安全国家标准 玻璃制品
6	GB 4806.6—2016	食品安全国家标准 食品接触用塑料树脂
7	GB 4806.7—2016	食品安全国家标准 食品接触用塑料材料及制品
8	GB 4806.8—2016	食品安全国家标准 食品接触用纸和纸板材料及制品
9	GB 4806.9—2016	食品安全国家标准 食品接触用金属材料及制品
10	GB 4806.10—2016	食品安全国家标准 食品接触用涂料及涂层
11	GB 4806.11—2016	食品安全国家标准 食品接触用橡胶材料及制品

序号	标准编号	标准名称
12	GB 9685—2016	食品安全国家标准 食品接触材料及制品用添加剂使用标准
13	GB 31604.1—2015	食品安全国家标准 食品接触材料及制品迁移试验通则
14	GB 31604.2—2016	食品安全国家标准 食品接触材料及制品 高锰酸钾消耗量的测定
15	GB 31604.3—2016	食品安全国家标准 食品接触材料及制品 树脂干燥失重的测定
16	GB 31604.4—2016	食品安全国家标准 食品接触材料及制品 树脂中挥发物的测定
17	GB 31604.5—2016	食品安全国家标准 食品接触材料及制品 树脂中提取物的测定
18	GB 31604.6—2016	食品安全国家标准 食品接触材料及制品 树脂中灼烧残渣的测定
19	GB 31604.7—2016	食品安全国家标准 食品接触材料及制品 脱色试验
20	GB 31604.8—2016	食品安全国家标准 食品接触材料及制品 总迁移量的测定
21	GB 31604.9—2016	食品安全国家标准 食品接触材料及制品 食品模拟物中重金属的测定
22	GB 31604.10—2016	食品安全国家标准 食品接触材料及制品 2,2-二（4-羟基苯基）丙烷（双酚A）迁移量的测定
23	GB 31604.11—2016	食品安全国家标准 食品接触材料及制品 1,3-苯二甲胺迁移量的测定
24	GB 31604.12—2016	食品安全国家标准 食品接触材料及制品 1,3-丁二烯的测定和迁移量的测定
25	GB 31604.13—2016	食品安全国家标准 食品接触材料及制品 11-氨基十一酸迁移量的测定
26	GB 31604.14—2016	食品安全国家标准 食品接触材料及制品 1-辛烯和四氢呋喃迁移量的测定
27	GB 31604.15—2016	食品安全国家标准 食品接触材料及制品 2,4,6-三氨基-1,3,5-三嗪（三聚氰胺）迁移量的测定
28	GB 31604.16—2016	食品安全国家标准 食品接触材料及制品 苯乙烯和乙苯的测定
29	GB 31604.17—2016	食品安全国家标准 食品接触材料及制品 丙烯腈的测定和迁移量的测定
30	GB 31604.18—2016	食品安全国家标准 食品接触材料及制品 丙烯酰胺迁移量的测定
31	GB 31604.19—2016	食品安全国家标准 食品接触材料及制品 己内酰胺的测定和迁移量的测定
32	GB 31604.20—2016	食品安全国家标准 食品接触材料及制品 醋酸乙烯酯迁移量的测定

(二) 食品包装合规要求

食品包装是食品商品的组成部分,是食品工业过程中的主要工程之一。它保护食品,使食品在离开工厂到消费者手中的流通过程中,防止生物的、化学的、物理的外来因素的损害,它还具有保持食品本身稳定质量的功能,方便食品的食用,又可以表现食品外观、吸引消费,具有物质成本以外的价值。

1. 食品包装的分类

(1) 塑料包装容器及材料:具有质量轻、耐腐蚀、耐酸碱、耐冲击等特点。

(2) 纸包装容器及材料:具有质量轻、印刷性好、无毒、卫生等特点。

(3) 玻璃包装容器:具有耐酸、耐碱及良好的化学稳定性、高阻隔性、硬度较高、易碎等特点。

(4) 陶瓷包装容器:具有耐火、耐热、耐药性、高刚性、高抗压强度、耐酸性能优良等特点。

(5) 金属包装容器及材料:具有优良的阻隔性能和机械性能、耐高温、耐压、不易破损等。

(6) 复合包装容器及材料:复合包装容器按材料可分为纸/塑复合材料容器、铝/塑复合材料容器、纸/铝/塑复合材料容器,具有良好的阻隔性能。复合包装材料按材质可分为纸/塑复合材料、铝/塑复合材料、纸/铝/塑合材料、纸/纸复合材料、塑/塑复合材料等,具有较高的力学强度、阻隔性、密封性、避光性、卫生性等。

(7) 其他包装容器:包括木质包装容器、竹材包装容器、搪瓷包装容器、纤维包装容器等。

(8) 辅助材料和辅助物:包括涂料、黏合剂、油墨等用于封闭器 (如密封垫、瓶盖或瓶塞)、缓冲垫、隔离或填充物等。

2. 食品包装的相关标准

我国颁布实施的食品包装相关国家标准包括食品包装容器及材料的术语和分类,食品包装容器及材料生产企业通用良好操作规范,食品包装容器、食品包装用纸、食品包装用塑料及复合食品包装袋等相关标准。

《食品包装容器及材料生产企业通用良好操作规范》 (GB/T 23887—2009) 适用于食品包装容器及材料生产企业,规定了食品包装容器及材料生产企业的厂区环境、厂房和设施、设备、人员、生产加工过程和控制、卫生管理、质量管理、文件和记录、投诉处理和产品召回、产品信息和宣传引导等方面的基本要求。《食品包装用塑料与铝箔复合膜、袋》 (GB/T 28118—2011) 等食品包装用材料专用标准规定了相应食品包装用材料的分类、要求、试验方法、标志、包装、运输和贮存等。部分食品包装相关标准见表4-13。

表4-13 部分食品包装相关标准

序号	标准编号	标准名称
1	GB 9683—1988	复合食品包装袋卫生标准
2	GB/T 15267—1994	食品包装用聚氯乙烯硬片、膜
3	GB/T 23887—2009	食品包装容器及材料生产企业通用良好操作规范
4	GB/T 23508—2009	食品包装容器及材料 术语
5	GB/T 23509—2009	食品包装容器及材料 分类
6	GB/T 24695—2009	食品包装用玻璃纸
7	GB/T 24696—2009	食品包装用羊皮纸
8	GB/T 23778—2009	酒类及其他食品包装用软木塞
9	GB/T 19063—2009	液体食品包装设备验收规范
10	GB/T 24334—2009	聚偏二氯乙烯（PVDC）自粘性食品包装膜
11	GB/T 28117—2011	食品包装用多层共挤膜、袋
12	GB/T 28118—2011	食品包装用塑料与铝箔复合膜、袋
13	GB/T 28119—2011	食品包装用纸、纸板及纸制品 术语
14	GB/T 30768—2014	食品包装用纸与塑料复合膜、袋
15	GB/T 31122—2014	液体食品包装用纸板
16	GB/T 31123—2014	固体食品包装用纸板
17	GB/T 33320—2016	食品包装材料和容器用胶粘剂
18	GB/T 36392—2018	食品包装用淋膜纸和纸板
19	GB/T 35999.4—2018	食品质量控制前提方案 第4部分：食品包装的生产
20	GB/T 17030—2019	食品包装用聚偏二氯乙烯（PVDC）片状肠衣膜
21	GB/T 38461—2020	食品包装用PET瓶吹瓶成型模具
22	QB/T 1706—2006	条纹牛皮纸
23	QB/T 4254—2011	陶瓷酒瓶
24	DB43/T 1168—2016	多层复合食品包装膜、袋
25	T/ZZB 1624—2020	食品包装用PLA杯
26	T/ZZB 1713—2020	食品包装用塑料与铝箔复合封口膜
27	CQC 51-371231—2009	玻璃钢食品包装容器环保认证规则
28	CQC51-363512—2009	复合材料食品包装容器环保认证规则

思政案例

案例1 某公司生产余氯（游离氯）项目不合格的包装饮用水，被吊销食品生产许可证

某公司生产的某品牌包装饮用水，经抽样检验，余氯（游离氯）项目不符合《食品安全国家标准　包装饮用水》（GB 19298—2003）要求，检验结论为不合格，违反了《中华人民共和国食品安全法》第三十四条第（二）项的规定。考虑到该公司之前也存在违法行为，当地市场监督管理局依据《中华人民共和国食品安全法实施条例》第六十七条第一款第（五）项，吊销其食品生产许可证。

案例2 某公司销售无中文标签及标示食品案

原告邹某在被告徐州某商贸公司处购买了14瓶进口红酒及3瓶进口蜂蜜，共计7 796元。当日晚原告邹某饮用红酒一瓶，次日凌晨发生头疼、恶心呕吐、腹泻等现象。后经查看该食品没有任何中文标签且无任何中文标示，无法获取该食品的配料表、原产地以及境内代理商的名称、地址、联系方式等任何相关信息。原告邹某认为被告销售的食品不符合《中华人民共和国食品安全法》相关法律规定，属于不合格产品，遂将徐州某商贸公司告上法院，要求其退货退款，并支付10倍的赔偿。

实践训练

一、食品安全指标要求查找

查找《食品安全国家标准　糕点、面包》（GB 7099—2015）及相关通用标准，梳理面包的部分安全指标及要求并填表4-14。

表4-14　面包部分安全指标及要求

产品指标要求		标准指标	标准法规来源	生效日期	检验方法
原料要求					
感官要求	色泽				
	滋味/气味				
	状态				
理化指标					
污染物限量					
微生物要求（若非指定，以 CFU/g 或 CFU/mL 表示）					

二、食品标签与营养标签合规判断

(一) 食品标签不符合项查找

《食品安全全国家标准　预包装食品标签通则》(GB 7718—2011) 规定直接消费者提供的预包装食品签应符合的要求。表 4-15 为某件企业设计的预包装韧性饼干标签，请找出该标签标示不符合项并填表 4-16。

表 4-15　预包装韧性饼干标签

韧性饼干　净含量: 225 g

配料表: 小麦粉、花生油、棕榈油、鲜鸡蛋、乳粉、食品添加剂 (碳酸氢铵、碳酸氢钠、焦硫酸钠)。

产品标准代号: GB/T 20980　韧性饼干 (冲泡型)

联系方式: ×××× - ××××××××××

产地: ××省××市

保质期: 8 个月

生产日期: 2020 年 11 月 18 日

图片仅供参考

营养成分表

项目	每 100 毫升	营养素参考值%
能量	1611 千焦	19%
蛋白质	8.0 克	13%
脂肪	10.0 克	17%
钠	150 毫克	8%

表 4-16　食品标签不符合项查找实训工单

序号	不符合项	标准要求	修订内容

(二) 食品营养标签不符合项查找

表 4-17 为某企业设计的预包装乳粉的营养成分表，请根据《食品安全全国家标准　预包装食品标签通则》(GB 7718—2011) 和《食品安全全国家标准　预包装食品营养标签通则》(GB 28050-2011) 的要求，找出其标志不符合项并填表 4-18。

表 4-17　营养成分表

项目	每 100 g	营养素参考值%
能量	1 884 千焦	22%
脂肪	16.0 毫克	27%
碳水化合物	57.5 克	19%

项目	每100 g	营养素参考值%
维生素 D	8.5 微克	170%
维生素 C	34.0 毫克	34%
钙	1 000 毫克	125%

表4－18　食品营养标签不符合项查找实训工单

序号	不符合项	标准要求	修订内容

▲ 项目测试

单选题

1. 预包装食品配料表中各种配料应按制造或加工食品时（　　　）递减顺序一一排列。

   A. 加入量　　　　　B. 终产品含量　　　　C. 含量　　　　D. 加入体积

2. 在预包装食品标签配料表中，橄榄油可以标示为（　　　）。

   A. 橄榄油　　　　　B. 植物油　　　　C. 精炼植物油　　　　D. 以上皆是

3. 配料中不需要在配料表中标示的是（　　　）。

   A. 风味发酵乳中的菌种

   B. 酿造酱油中添加的已转变为其他成分的小麦

   C. 可食用包装物

   D. 不在终产品中发挥功能作用的食品添加剂辅料

4. 如果在食品的标签上特别强调一种成分的含量无时，应标示所强调成分（　　　）。

   A. 加入量　　　　　　　　　　　　B. 添加比例

   C. 在成品中的含量　　　　　　　　D. 添加量

5. 防腐剂双乙酸钠、脱氢乙酸钠的最大使用限量分别为：3.0 g/kg、0.5 g/kg。在某种熟肉制品中，防腐剂双乙酸钠、脱氢乙酸钠的使用配比符合 GB 2760—2024 规定的是（　　　）。

   A. 2.0 g/kg、0.2 g/kg　　　　　　B. 1.0 g/kg、0.4 g/kg

   C. 1.5 g/kg、0.3 g/kg　　　　　　D. 1.0 g/kg、0.3 g/kg

6. 用维生素 E 琥珀酸钙来强化维生素 E 时，所强化的维生素 E 的使用量，下列说法正确的是（　　　）。

   A. 折算成维生素 E 的量　　　　　　B. 维生素 E 琥珀酸钙的量

   C. 终产品中维生素 E 琥珀酸钙的　　　D. 终产品中维生素 E 的量

7. GB 2762—2012《食品安全国家标准　食品中污染物限量》的应用原则中要求，限量指标对制品有要求的情况下，其中干制品中污染物限量以相应新鲜食品中污染物限量结合其（　　）或浓缩率折算。

    A. 含水率   B. 失水率   C. 脱水率   D. 干物质比例

8. 脂肪的"0"界限值是"≤0.5 g"，某食品每份（20 g）中含脂肪0.4 g，营养成分表若以份表示，脂肪含量应标志为（　　）。

    A. 0.4 g   B. 0.0 g   C. 0 g   D. 1 g

9. 采用"减少能量"的比较声称方式，要求与参考食品比较，能量值减少（　　）以上。

    A. 10%   B. 15%   C. 20%   D. 25%

10. 在预包装食品保质期内，营养成分钠含量允许误差范围是（　　）

    A. ≥80% 标示值   B. ≤120% 标示值

    C. ≥60% 标示值   D. ≤180% 标示值

 知识拓展

1.《食品安全国家标准　食品中致病菌限量》（GB 29921—2021）

2.《食品安全国家标准　食品中真菌毒素限量》（GB 2761—2017）

3.《食品安全国家标准　食品中污染物限量》（GB 2762—2022）

4.《食品安全国家标准　食品中农药最大残留限量》（GB 2763—2021）

5.《食品安全国家标准　食品中兽药最大残留限量》（GB 31650—2019）

6.《食品安全国家标准　食品添加剂使用标准》（GB 2760—2024）

7.《食品安全国家标准　食品营养强化剂使用标准》（GB 14880—2012）

8.《食品安全国家标准　预包装食品标签通则》（GB 7718—2011）

9.《食品安全国家标准　预包装食品营养标签通则》（GB 28050—2011）

10.《食品安全国家标准　预包装特殊膳食用食品标签》（GB 13432—2013）

11.《鲜活农产品食品标签标志》（GB/T 32950—2016）

12.《中华人民共和国保健食品标志管理办法》

13.《中华人民共和国进出口食品安全管理办法》

14.《食品安全国家标准　食品接触材料及制品通用安全要求》（GB 4806.1—2016）

项目五　产品及体系认证合规管理

知识目标

1. 掌握无公害农产品认定、绿色食品标志许可、有机产品认证、农产品地理标志登记相关的法律法规要求和办理流程。
2. 掌握食品安全管理体系和质量管理体系相关的法律法规和标准规定。
3. 掌握 HACCP 的实施过程。
4. 掌握质量管理的基本原则。

能力目标

1. 能够按照无公害农产品认定、绿色食品标志许可、有机产品认证及农产品地理标志登记流程配合认定/认证机构完成认定、认证等工作。
2. 能够利用质量管理原则，策划质量管理体系框架。能够协助审核机构完成体系的审核，并协助完成年度监督审核。
3. 能够策划 HACCP 计划及食品安全管理体系。能够协助审核机构完成食品安全管理体系的审核，并协助完成年度监督审核。
4. 能够根据标准要求编写食品安全和质量管理体系建设过程中的相关文件及记录。

素养目标

1. 具有严谨的合规管理意识。
2. 具有严谨的法律意识和食品安全责任意识。
3. 具有高度的社会责任感和职业素养。
4. 具有终身学习、勤于专研、谨慎调查、善于总结、勇于负责的精神。

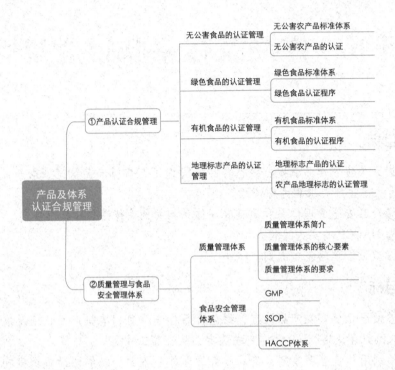

一、产品认证合规管理

引导问题

无公害食品如何做好生产记录档案?

_____

_____

(一) 无公害食品的认证管理

无公害食品,也称无公害农产品,是指产地环境、生产过程和产品质量符合国家有关标准和规范的要求,经认证合格获得认证证书并允许使用无公害农产品标志的未经加工或者初加工的食用农产品,包括大田作物产品、蔬菜、水果、食用菌、茶叶、粮油、家禽、生鲜乳、蜂产品、鲜禽蛋、畜禽屠宰和养殖水产品。无公害食品的生产过程中允许使用农药和化肥,但不能使用国家禁止的高毒、高残留农药。

无公害食品（无公害农产品）的标志（如图 5 - 1 所示）图案主要由麦穗、对钩和无公害农产品字样组成。标志整体为绿色，其中麦穗和对钩是金色。绿色象征环保和安全，金色寓意成熟和丰收，麦穗代表农产品，对钩表示及格。

图 5 - 1 无公害农产品标志

1. 无公害食品标准体系

无公害食品标准体系主要参考绿色食品标准的框架而制定，由产地环境质量标准、生产技术标准和产品标准等标准构成。

1）无公害食品产地环境质量标准

产地环境中的污染物通过空气、水体和土壤等环境要素直接或间接地影响产品的质量。因此，无公害食品产地环境质量标准对产地的空气、农用灌溉水质、渔业水质、畜禽养殖用水和土壤等的各项指标及浓度限值作出规定，一是强调无公害食品必须产自良好的生态环境地域，以保证无公害食品最终产品的无污染、安全性；二是促进对无公害食品产地环境的保护和改善。我国主要的无公害食品产地环境质量标准见表 5 -1。

表 5 - 1　我国主要的无公害食品产地环境质量标准

序号	标准编号	标准名称
1	NY/T 5295—2015	无公害农产品　产地环境评价准则
2	NY/T 5010—2016	无公害农产品　种植业产地环境条件
3	NY 5027—2008	无公害食品　畜禽饮用水水质
4	NY 5051—2001	无公害食品　淡水养殖用水水质
5	NY 5052—2001	无公害食品　海水养殖用水水质
6	NY/T 5361—2016	无公害食品　淡水养殖产地环境条件
7	NY 5362—2010	无公害食品　海水养殖产地环境条件
8	NY 5028—2008	无公害食品　畜禽产品加工用水水质
9	NY/T 5335—2006	无公害食品　产地环境质量调查规范
10	NY/T 5341—2017	无公害农产品　认定认证现场检查规范

《无公害农产品　种植业产地环境条件》（NY/T 5010—2016）规定了无公害农产品种植业产地环境质量要求、采样方法、检测方法和产地环境评价的技术要求。其中产地环境质量要求具体包括以下内容。

（1）灌溉水质量要求包括指标 pH、总汞、总镉、总砷、总铅和铬（六价）的要求。可根据当地无公害农产品种植业产地环境的特点和灌溉水的来源特性选择相应的补充监测项目，包括氰化物、化学需氧量、挥发酚、石油类、全盐量和类大肠菌群。对实行水旱轮作、菜粮套种或果粮套种等种植方式的农地，执行其中较低标准值的一项作物的标准值。

（2）食用菌生产用水各项监测指标应符合 GB 5749—2022 的要求，不得随意加入药剂、肥料或成分不明的物质。

（3）土壤环境质量监测指标分基本指标和选测指标，其中基本指标为总汞、总砷、总镉、总铅、总铬 5 项，选测指标为总铜、总镍、邻苯二甲酸酯类总量 3 项。各项监测指标应符合 GB 15618—2018 的要求。对实行水旱轮作、菜粮套种或果粮套种等种植方式的农地，执行其中较低标准值的一项作物的标准值。

（4）食用菌栽培基质需严格按照高温高压灭菌、常压灭菌、前后发酵、覆土消毒等生产工艺进行处理。需经灭菌处理的，灭菌后的基质应达到无菌状态；需经发酵处理的，应发酵全面、均匀。食用菌栽培生产用土应采用天然的、未受污染的泥炭土、草炭土、林地腐殖土或农田耕作层以下的壤土，其总汞、总砷、总镉、总铅指标应符合 GB 15618—2018 的要求。

《无公害食品　淡水养殖产地环境条件》（NY/T 5361—2016）规定了淡水养殖产地选择、产地环境保护、养殖用水、养殖产地底质、样品采集、贮存、运输和处理、测定方法和结果判定。淡水养殖用水应无异色、异臭、异味；淡水养殖用水水质应符合标准要求。淡水养殖产地底质无工业废弃物和生活垃圾，无大型植物碎屑和动物尸体；淡水底栖类水产养殖产地底质应符合标准要求。《无公害食品　海水养殖产地环境条件》（NY 5362—2010）规定了海水养殖产地选择、养殖水质要求、养殖底质要求、采样方法、测定方法和判定规则。

2）无公害食品生产技术标准

无公害食品生产过程的控制是无公害食品质量控制的关键环节，从事无公害农产品生产的单位或者个人，应当严格按规定使用农业投入品。禁止使用国家禁用、淘汰的农业投入品。目前我国主要的无公害食品农业投入品使用准则标准见表 5－2。

表 5－2　目前我国主要的无公害食品农业投入品使用准则标准

序号	标准编号	标准名称
1	NY 5032—2006	无公害食品　畜禽饲料和饲料添加剂使用准则
2	NY 5071—2002	无公害食品　渔用药物使用准则
3	NY/T 5030—2016	无公害农产品　兽药使用准则
4	DB513227/T 04—2011	无公害农产品　酿酒葡萄农药使用准则
5	DB44/T 466—2008	无公害茶叶农药使用规程

无公害食品生产技术操作规程按作物种类、畜禽种类等和不同农业区域的生产特性分别制定，用于指导无公害食品生产活动，规范无公害食品生产，包括农产品种植、畜禽饲养、水产养殖和食品加工等技术操作规程。我国部分无公害食品生产技术标准见表 5－3。

表 5－3　我国部分无公害食品生产技术标准

序号	标准编号	标准名称
1	NY/T 2798.1—2015	无公害农产品　生产质量安全控制技术规范　第 1 部分：通则
2	NY/T 2798.2—2015	无公害农产品　生产质量安全控制技术规范　第 2 部分：大田作物产品
3	NY/T 2798.3—2015	无公害农产品　生产质量安全控制技术规范　第 3 部分：蔬菜

序号	标准编号	标准名称
4	NY/T 2798.4—2015	无公害农产品　生产质量安全控制技术规范　第4部分：水果
5	NY/T 2798.5—2015	无公害农产品　生产质量安全控制技术规范　第5部分：食用菌
6	NY/T 2798.6—2015	无公害农产品　生产质量安全控制技术规范　第6部分：茶叶
7	NY/T 2798.7—2015	无公害农产品　生产质量安全控制技术规范　第7部分：家畜
8	NY/T 2798.8—2015	无公害农产品　生产质量安全控制技术规范　第8部分：肉禽
9	NY/T 2798.9—2015	无公害农产品　生产质量安全控制技术规范　第9部分：生鲜乳
10	NY/T 2798.10—2015	无公害农产品　生产质量安全控制技术规范　第10部分：蜂产品
11	NY/T 2798.11—2015	无公害农产品　生产质量安全控制技术规范　第11部分：鲜禽蛋
12	NY/T 2798.12—2015	无公害农产品　生产质量安全控制技术规范　第12部分：畜禽屠宰
13	NY/T 2798.13—2015	无公害农产品　生产质量安全控制技术规范　第13部分：养殖水产品
14	NY/T 5105—2002	无公害食品　草莓生产技术规程
15	NY/T 5117—2002	无公害食品　水稻生产技术规程
16	NY 5099—2002	无公害食品　食用菌栽培基质安全技术要求
17	NY/T 5114—2002	无公害食品　桃生产技术规程
18	NY/T 5222—2004	无公害食品　马铃薯生产技术规程
19	NY/T 5214—2004	无公害食品　普通白菜生产技术规程
20	NY/T 5235—2004	无公害食品　小型萝卜生产技术规程
21	NY/T 5083—2002	无公害食品　萝卜生产技术规程
22	NY/T 5007—2001	无公害食品　番茄保护地生产技术规程
23	NY/T 5363—2010	无公害食品　蔬菜生产管理规范
24	NY/T 5336—2006	无公害食品　粮食生产管理规范
25	NY/T 5038—2006	无公害食品　家禽养殖生产管理规范
26	NY/T 5338—2006	无公害食品　家禽屠宰加工生产管理规范
27	NY/T 5049—2001	无公害食品　奶牛饲养管理准则
28	NY/T 5033—2001	无公害食品　生猪饲养管理准则
29	NY/T 5337—2006	无公害食品　茶叶生产管理规范
30	NY/T 5128—2002	无公害食品　肉牛饲养管理准则
31	NY/T 5139—2002	无公害食品　蜜蜂饲养管理准则

《无公害农产品　生产质量安全控制技术规范　第1部分：通则》（NY/T 2798.1—2015）规定了无公害农产品主体的基本要求，主要包括主体资质、生产管理人员、管理制

度及文件、产地环境、生产记录档案、农业投入品管理、废弃物处置、产品质量、包装标志和产品储运的要求。其中生产记录档案和农业投入品管理的要求如下。

（1）生产记录档案。

a. 应建立农产品生产记录、销售记录和人员培训记录。记录内容应完整、真实，记录档案至少保存2年。畜禽养殖应保存养殖档案和防疫档案：商品猪、禽为2年；牛为20年；羊为10年。

b. 应建立动植物病虫害监测报告档案和动物病免疫档案。

c. 应详细记录农业投入品使用情况，内容至少应包括投入品名称、规格、防治对象、使用方式、时间、浓度、安全间隔期或休药期等。

d. 鼓励采用先进技术手段（如电子计算机信息系统）进行记录和文件管理。

（2）农业投入品管理。

a. 不应购买、使用、贮存国家禁用的农业投入品。

b. 应按《农药合理使用准则》GB/T 8321—2018（所有部分）和《中华人民共和国药典兽药使用指南》的相关规定分别选购农药和兽药。

c. 应选购具有合格证明的农药、兽药、肥料及饲料等农业投入品，购买后应索取并保存购买凭证或发票。

d. 农业投入品应有专门的存放场所，并能确保存放安全的相应设施，按产品标签规定的贮存条件在专门的场所分类存放，宜采用物理隔离（墙、隔板等）的方式防止交叉污染。有醒目标记，由专人管理。

e. 贮存场所应有良好的照明条件，并保持干燥、通风、清洁，避免日光暴晒、雨淋。

f. 变质和过期的投入品应做好标志，隔离禁用，并安全处置。

g. 应建立农业投入品出入库记录，并保存2年。

3）无公害食品产品标准

无公害食品产品标准是衡量无公害食品终产品质量的指标尺度，它包括无公害蔬菜、水果、畜禽肉和水产品等安全要求。2013年，农业部对无公害食品标准进行了清理，废止了《无公害食品　脱水蔬菜》（NY 5184—2002）、《无公害食品　食用植物油》（NY 5306—2005）、《无公害食品　液态乳》（NY 5140—2005）等132项无公害食品农业行业标准，自2014年1月1日起停止施行。废止的132项无公害食品标准中除了7项生产技术标准外，其余均为无公害食品产品标准。农业部要求，需要用这些标准组织生产的企业应当及时将其转化为企业标准后，按标准组织生产。我国部分无公害食品产品标准见表5-4。

表5-4　我国部分无公害食品产品标准

序号	标准编号	标准名称
1	DB13/T 766—2006	无公害果品　杏鲍菇
2	DB13/T 765—2006	无公害食品　白灵菇
3	DB3205/T 152—2008	无公害农产品　中糯2号鲜食玉米
4	DB13/T 779—2006	无公害蔬菜　绿芦笋

4）无公害食品其他标准

除上述主要标准，无公害食品还有部分关于饲料安全限量、有毒有害物质残留限量标准，以及无公害产品认证、产品抽样、检验及防疫方面的标准。我国无公害食品其他标准见表5-5。

表5-5　我国无公害食品其他标准

序号	标准编号	标准名称
1	NY 5073—2006	无公害食品　水产品中有毒有害物质限量
2	NY 5072—2002	无公害食品　渔用配合饲料安全限量
3	NY 5070—2002	无公害食品　水产品中渔药残留限量
4	NY/T 5340—2006	无公害食品　产品检验规范
5	NY/T 5342—2006	无公害食品　产品认证准则
6	NY/T 5344.1—2006	无公害食品　产品抽样规范　第1部分：通则
7	NY/T 5344.2—2006	无公害食品　产品抽样规范　第2部分：粮油
8	NY/T 5344.4—2006	无公害食品　产品抽样规范　第4部分：水果
9	NY/T 5344.6—2006	无公害食品　产品抽样规范　第6部分：畜禽产品
10	NY/T 5344.7—2006	无公害食品　产品抽样规范　第7部分：水产品
11	NY 5041—2001	无公害食品　蛋鸡饲养兽医防疫准则
12	NY 5031—2001	无公害食品　生猪饲养兽医防疫准则
13	NY 5047—2001	无公害食品　奶牛饲养兽医防疫准则
14	NY 5260—2004	无公害食品　蛋鸭饲养兽医防疫准则
15	NY 5266—2004	无公害食品　鹅饲养兽医防疫准则
16	NY 5263—2004	无公害食品　肉鸭饲养兽医防疫准则

2. 无公害农产品认证

无公害农产品认证采取产地认定与产品认证相结合的模式：产地认定主要解决生产环节的质量安全控制问题；产品认证主要解决产品安全和市场准入问题。我国从2007年开始实行无公害农产品产地认定与产品认证一体化推进，从根本上解决了无公害农产品产地认定与产品认证脱节问题，提高了产地认定与产品认证的工作效率。

无公害农产品的认证

1）无公害农产品认定条件

无公害农产品产地应当符合的条件包括：①产地环境条件符合无公害农产品产地环境的标准要求；②区域范围明确；③具备一定的生产规模。

无公害农产品的生产管理应当符合的条件包括：①生产过程符合无公害农产品质量安全控制规范标准要求；②有专业的生产和质量管理人员，至少有一名专职内检员负责无公害农产品生产和质量安全管理；③有组织无公害农产品生产、管理的质量控制措施；④有完整的生产和销售记录档案。

2）申请者必须提交的材料

申请人可以直接向所在县级农产品质量安全工作机构（简称"工作机构"）提出无公害农产品产地认定与产品认证一体化申请，并提交以下材料。

（1）《无公害农产品产地认定与产品认证申请书》。

（2）国家法律法规规定申请者必须具备的资质证明文件（复印件）（如营业执照、注册商标、卫生许可证等）。

（3）《无公害农产品内检员证书》（复印件）。

（4）无公害农产品生产质量控制措施。

（5）无公害农产品生产操作规程。

（6）符合规定要求的《产地环境检验报告》和《产地环境现状评价报告》或者符合无公害农产品产地要求的《产地环境调查报告》。

（7）符合规定要求的《产品检验报告》。

（8）以农民专业合作经济组织作为主体和"公司＋农户"形式申报的，提交与合作农户签署的含有产品质量安全管理措施的合作协议和农户名册（包括农户名单、地址、种养殖规模）；如果合作社申报材料中填写的是"自产自销型、集中生产管理"，应提供书面证明说明原因，并附上合作社章程以示证明。

（9）大米、茶叶、咸鸭蛋、鲜牛奶等初级加工产品还需提供以下材料：①加工技术操作规程；②加工卫生许可证复印件或全国工业产品生产许可证复印件；如果是委托加工的，需提供委托加工协议和受委托方的加工卫生许可证复印件或全国工业产品生产许可证复印件。

（10）水产类需要提供产地环境现状说明、区域分布图和所使用的渔药外包装标签。

（11）无公害农产品产地认定与产品认证现场检查报告。

（12）无公害农产品产地认定与产品认证报告。

（13）规定提交的其他相应材料。

3）无公害农产品认证程序

（1）县（区）级工作。县（区）级工作机构（农产品认证归口单位）自收到申请之日起10个工作日内，负责完成对申请人申请材料的形式审查。符合要求的，在《无公害农产品产地认定与产品认证报告》（以下简称《认证报告》）上签署推荐意见，区级连同申请材料报送地级工作机构，县级直接报送省级工作机构审查。不符合要求的，书面通知申请人整改、补充材料。

（2）地级工作。地级工作机构自收到申请材料、区级工作机构推荐意见之日起15个工作日内，对全套申请材料进行符合性审查。符合要求的，在《认证报告》上签署审查意见报送省级工作机构；不符合要求的，书面告知区级工作机构通知申请人整改、补充材料。

（3）省级工作。省级工作机构自收到申请材料及县、地两级工作机构推荐、审查意见之日起20个工作日内，应当组织或者委托地县两级有资质的检查员按照《无公害农产品认证现场检查工作程序》进行现场检查，完成对整个认证申请的初审，并在《认证报告》上提出初审意见。通过初审的，报请省级农业行政主管部门颁发《无公害农产品产地认定证书》，同时将申请材料、《认证报告》和《无公害农产品产地认定与产品认证现场检查报告》及时报送农业农村部直属各业务对口分中心复审。未通过初审的，书面告知地、县级工作机构通知申请人整改、补充材料。

（4）农业农村部农产品质量安全中心。农业农村部农产品质量安全中心对材料审核、现场检查（限于需要对现场进行检查时）和产品检测结果符合要求的，自收到现场检查报告和产品检测报告之日起，30个工作日内颁发无公害产品认证证书。不符合要求的，应当书面通知申请人。

无公害农产品认证证书有效期为3年。期满需要继续使用的，应当在有效期满90日前按照无公害农产品复查换证的要求，进行复查换证。

4）无公害农产品认定现场检查

（1）现场检查的主要内容。根据《无公害农产品认定现场检查规范》第六条规定，无公害农产品认定现场检查的主要内容包括申请主体资质及能力、产地环境及设施条件、质量控制措施及生产操作规程的建立实施、农业投入品使用及管理和生产过程记录及存档。对申请复查换证的主体实施现场检查时，应同时对其标志使用情况进行检查。

（2）现场检查的一般程序。根据《无公害农产品认定现场检查规范》第十一条规定，检查组开展检查的一般程序为：首次会议→查阅资料→实地检查→现场评定→末次会议。

（3）现场检查结论判定。根据《无公害农产品认定现场检查规范》第十三条规定，现场检查结论分为通过、限期整改和不通过。

引导问题

绿色食品生产可使用的农药有哪些要求？

_____

_____

（二）绿色食品的认证管理

绿色食品是指产自优良生态环境、按照绿色食品标准生产、实行全程质量控制并获得绿色食品标志使用权的安全、优质食用农产品及相关产品，包括蔬菜、水果、粮食、乳品、蛋品、饮料、罐头、肉类、调味料等。

根据质量差别及我国农业、食品工业生产加工及管理水平，我国将绿色食品分为A级和AA级两个产品等级。A级绿色食品，是在环境质量符合标准的生产区，限量使用化学合成物质，按照一定的规程生产、加工、包装并经检验符合标准的产品。A级绿色食品尽管允许有限度地使用某些种类的化学肥料，但仍要以有机肥为主，其用量应占到总用肥量的一半以上，且最后一次施肥应与收获期有一定间隔。AA级绿色食品，是在环境质量符合标准的生产区，不使用任何有害的化学合成物质，按照一定的规程生产、加工、包装，并经检验合乎标准的产品。AA级绿色食品允许使用含有磷、钾、钙元素的矿物肥，倡导使用腐熟的有机肥料、绿肥和生物肥，不允许使用城市垃圾作肥料；养殖中不允许使用化学饲料添加剂和抗生素；加工中不允许使用化学食品添加剂和其他有害于环境与健康的物质。

绿色食品标志（如图 5-2 所示）由三部分构成，即上方的太阳、下方的叶片和中心的蓓蕾，分别代表了生态环境、植物生长和生命的希望。标志为正圆形，意为保护、安全。为了区分 A 级和 AA 级绿色食品在产品包装上的差异，A 级绿色食品标志与字体为白色，底色为绿色；AA 级绿色食品标志与字体为绿色，底色为白色。

图 5-2　绿色食品标志

1. 绿色食品标准体系

绿色食品标准以全程质量控制为核心，主要包括绿色食品产地环境质量标准、生产技术标准、产品标准、抽样与检验、包装、标签及贮藏、运输标准。

绿色食品的标准体系

1) 绿色食品产地环境质量标准

绿色食品产地环境质量标准即《绿色食品　产地环境质量》（NY/T 391—2021），规定了绿色食品产地的生态环境基本要求、隔离保护要求、空气质量要求、水质要求、土壤环境质量要求、食用菌栽培基质质量要求、环境可持续发展要求等，用来指导生产单位加强对产地环境的保护，提高产品质量；同时又能维护绿色食品的信誉和消费者的利益，是绿色食品管理中非常重要的环节。其中产地生态环境基本要求和隔离保护要求如下。

（1）产地生态环境基本要求。绿色食品生产应选择生态环境良好、无污染的地区，远离工矿区、公路铁路干线和生活区，避开污染源。产地应距离公路、铁路、生活区 50 m 以上，距离工矿企业 1 km 以上。产地应远离污染源，配备切断有毒有害物进入产地的措施。产地不应受外来污染威胁，产地上风向和灌溉水上游不应有排放有毒有害物质的工矿企业，灌溉水源应是深井水或水库等清洁水源，不应使用污水或塘水等被污染的地表水；园地土壤不应是施用含有毒有害物质的工业废渣改良过土壤。应保证产地具有可持续生产能力，不对环境或周边其他生物产生污染。

（2）隔离保护要求。应在绿色食品和常规生产区域之间设置有效的缓冲带或物理屏障，以防止绿色食品产地受到污染。绿色食品产地应与常规生产区保持一定距离，或在两者之间设立物理屏障，或利用地表水、山岭分割等其他方法，两者交界处应有明显可识别的界标。绿色食品种植产地与常规生产区农田间建立缓冲隔离带，可在绿色食品种植区边缘 5~10 m 处种植树木作为双重篱墙，隔离带宽度 8 m 左右，隔离带种植缓冲作物。

2) 绿色食品生产技术标准

绿色食品生产过程的控制是绿色食品质量控制的关键环节。绿色食品生产技术标准是绿色食品标准体系的核心，它包括绿色食品生产资料使用准则和绿色食品生产技术规程两部分。

（1）绿色食品生产资料使用准则。绿色食品生产资料使用准则是对生产绿色食品过程中物质投入的一个原则性规定，它包括农药、肥料、兽药、水产养殖用药、食品添加剂和饲料添加剂的使用准则，是绿色食品生产、认证、监督检查的主要依据，也是绿色食品质量信誉的保证。在这些准则中对允许、限制和禁止使用的生产资料及其使用方法、使用剂量、使用次数、休药期等作出了明确的规定，从而为截断生产中的污染源、确保产地和产品不受污染提供了保证。目前我国主要的绿色食品生产资料使用准则见表5-6。

表5-6 我国主要的绿色食品生产资料使用准则

序号	标准编号	标准名称
1	NY/T 394—2021	绿色食品 肥料使用准则
2	NY/T 392—2023	绿色食品 食品添加剂使用准则
3	NY/T 472—2022	绿色食品 兽药使用准则
4	NY/T 755—2022	绿色食品 渔药使用准则
5	NY/T 471—2018	绿色食品 饲料及饲料添加剂使用准则
6	NY/T 393—2020	绿色食品 农药使用准则
7	T/ZNZ 014—2019	绿色食品水稻生产农药使用规范

AA级绿色食品生产可使用的肥料种类包括农家肥料（秸秆、绿肥、厩肥、堆肥、沤肥、沼肥、饼肥）、有机肥料和微生物肥料。A级绿色食品生产可使用的肥料除以上种类外，还可以使用有机-无机复混肥料、无机肥料和土壤调节剂。

AA级绿色食品生产可使用的农药类别包括植物或动物来源农药、微生物来源农药、生物化学产物、矿物来源农药及其他类共计51种。A级绿色食品生产可使用的农药类别除以上种类外，还可以使用苯丁锡等39种杀虫杀螨剂、苯醚甲环唑等57种杀菌剂、2甲4氯MCPA等39种除草剂、1-甲基环丙烯等6种植物生长调节剂。

AA级绿色食品生产可使用的兽药应执行《有机产品 生产、加工、标志与管理体系要求》（GB/T 19630—2019）的规定。A级绿色食品生产可使用的兽药种类包括：①优先使用GB/T 19630—2019规定的兽药、GB 31650—2019允许用于食品动物但不需要制定残留限量的兽药、《中华人民共和国兽药典》和农业部公告第2513号中无休药期要求的兽药；②国务院兽医行政管理部门批准的微生态制品、中药制剂和生物制品；③中药类的促生长药物饲料添加剂；④国家兽医行政管理部门批准的高效、低毒和对环境污染低的消毒剂。

AA级绿色食品生产可使用的渔药应执行《有机产品 生产、加工、标志与管理体系要求》（GB/T 19630—2019）的规定。A级绿色食品生产可使用的渔药种类包括：①所选用的渔药应符合相关法律法规，获得国家兽药登记许可，并纳入国家基础兽药数据库兽药产品批准文号数据；②优先使用GB/T 19630—2019规定的物质或投入品、GB 31650—2019规定的无最大残留限量要求的渔药；③允许使用《绿色食品 渔药使用准则》（NY/T 755—2022）中附录A清单中的渔药，渔药使用规范应符合《渔药使用规范》（SC/T 1132—2016）的规定。

AA级绿色食品生产可使用的食品添加剂应执行《有机产品 生产、加工、标志与管理体系要求》（GB/T 19630—2019）的规定。A级绿色食品生产优先使用天然食品添加剂。在使用天然食品添加剂不能满足生产需要的情况下，可使用《绿色食品 食品添加剂使用准则》（NY/T 392—2023）附录A以外的人工合成食品添加剂。

（2）绿色食品生产技术规程。绿色食品生产过程的控制是绿色食品质量控制的关键环节。绿色食品生产技术规程是以绿色食品生产资料使用准则为依据，按不同农业区域的生产特性、作物种类、畜禽种类分别制定，用于指导绿色食品生产活动、规范绿色食品生产技术的技术规定，包括农产品种植、畜禽饲养、水产养殖和食品加工等技术规程。我国部分绿色食品生产技术规程标准见表5-7。

表5-7　我国部分绿色食品生产技术规程标准

序号	标准编号	标准名称
1	NY/T 2400—2013	绿色食品　花生生产技术规程
2	DB32/T 1001—2006	绿色食品　黄瓜生产技术规程
3	DB32/T 1238—2003	A级绿色食品　奶牛饲养控制规范
4	DB22/T 950—2014	绿色食品　玉米生产技术规程
5	DB36/T 707—2019	绿色食品　团头鲂养殖技术规程
6	DB36/T 708—2019	绿色食品　鳜池塘养殖技术规程
7	DB62/T 4096—2020	绿色食品　露地菠菜生产技术规程
8	T/BCNJX 2403—2019	绿色食品　宾川石榴生产技术标准
9	T/YNBX 027—2020	绿色食品　元谋菜豆生产技术规程
10	DB13/T 1519—2012	绿色食品　谷子生产技术规程
11	DB13/T 1520—2012	绿色食品　粟米生产加工技术规程
12	DB51/T 1349—2011	绿色食品　柚生产技术规程

3）绿色食品产品标准

绿色食品产品标准是衡量绿色食品最终产品质量的指标尺度。它虽然跟普通食品的国家标准一样，规定了食品的外观品质、营养品质和卫生品质等内容，但其卫生品质要求高于国家现行标准，主要表现在对农药残留和重金属的检测项目种类多、指标严，而且使用的主要原料必须是来自绿色食品产地的、按绿色食品生产技术规程生产出来的产品。绿色食品产品标准反映了绿色食品生产、管理和质量控制的先进水平，突出了绿色食品产品无污染、安全的卫生品质。我国部分绿色食品产品标准见表5-8。

表5-8　我国部分绿色食品产品标准

序号	标准编号	标准名称
1	NY/T 419—2021	绿色食品　稻米
2	NY/T 2140—2015	绿色食品　代用茶
3	NY/T 657—2021	绿色食品　乳与乳制品
4	NY/T 2799—2015	绿色食品　畜肉
5	NY/T 1052—2014	绿色食品　豆制品
6	NY/T 1042—2017	绿色食品　坚果
7	NY/T 1047—2021	绿色食品　水果、蔬菜罐头

序号	标准编号	标准名称
8	NY/T 900—2016	绿色食品　发酵调味品
9	NY/T 1510—2016	绿色食品　麦类制品
10	NY/T 1511—2015	绿色食品　膨化食品
11	NY/T 752—2020	绿色食品　蜂产品
12	NY/T 1044—2020	绿色食品　藕及其制品
13	NY/T 1711—2020	绿色食品　辣椒制品
14	NY/T 1046—2016	绿色食品　焙烤食品
15	NY/T 844—2017	绿色食品　温带水果
16	NY/T 743—2020	绿色食品　绿叶类蔬菜

4）绿色食品其他标准

（1）绿色食品抽样与检验标准。绿色食品的抽样与检验是绿色食品质量控制的把关环节，为规范绿色食品抽样和检验活动，制定了包括《绿色食品　产品抽样准则》（NY/T 896—2015）、《绿色食品　产品检验规则》（NY/T 1055—2015）等标准。产品抽样准则规定了绿色食品样品抽取的一般要求、抽样程序和抽样方法。产品检验规则规定了绿色食品的检验分类、抽样、检验依据和判定规则。

（2）绿色食品包装、标签标准。《绿色食品　包装通用准则》（NY/T 658—2015）标准规定了绿色食品包装的术语和定义、基本要求、安全卫生要求、生产要求、环保要求、标志与标签要求和标志、包装、贮存与运输要求。

绿色食品产品标签，除要求符合《食品安全国家标准　预包装食品标签通则》（GB 7718—2011）外，还要求符合《中国绿色食品商标标志设计使用规范手册》规定，该手册对绿色食品的标准图形、标准字形、图形和字体的规范组合、标准色、广告用语，以及在产品包装标签上的规范应用均做了具体规定。

（3）绿色食品贮藏、运输标准。《绿色食品　贮藏运输准则》（NY/T 1056—2021）对绿色食品贮运的条件、方法、时间作出规定，以保证绿色食品在贮运过程中不遭受污染、不改变品质，并有利于环保、节能。

2. 绿色食品认证程序

1）申请

申请人向其所在省绿色办公室（省绿办）提交正式的书面申请，包括《绿色食品标志使用申请书》《企业及生产情况调查表》及相关材料。

2）受理文审

省绿办收到申请材料后，进行登记、编号，5个工作日内完成对申请认证材料的审查工作，并向申请人发出《文审意见通知单》，同时抄送中国绿色食品认证中心认证处（简称中心认证处）。申请认证材料不齐全的，要求申请人收到《文审意见通知单》后10个工作日提交补充材料。申请认证材料不合格的，通知申请人本生长周期不再受理其申请。

3）现场检查

省绿办应在《文审意见通知单》中明确现场检查计划，并在计划得到申请人确认后委派2名或2名以上检查员进行现场检查。检查员根据《绿色食品检查员工作手册》和《绿色食品产地环境质量现状调查技术规范》中规定的有关项目进行逐项检查。每位检查员单独填写现场检查表和检查意见。现场检查和环境质量现状调查工作在5个工作日内完成，完成后5个工作日内向省绿办递交现场检查评估报告、环境质量现状调查报告及有关调查资料。

现场检查合格，可以安排产品抽样。凡申请人提供了近一年内绿色食品定点产品监测机构出具的产品质量检测报告，并经检查员确认，符合绿色食品产品检测项目和质量要求的，免产品抽样检测。现场检查合格，需要抽样检测的产品安排产品抽样。当时可以抽到适抽产品的，检查员依据《绿色食品产品抽样技术规范》进行产品抽样，并填写《绿色食品产品抽样单》，同时将抽样单抄送中心认证处。当时无适抽产品的，检查员与申请人当场确定抽样计划，同时将抽样计划抄送中心认证处。申请人将样品、产品执行标准、《绿色食品产品抽样单》和检测费寄送至绿色食品定点产品监测机构。现场检查不合格，不安排产品抽样。

4）环境监测

绿色食品产地环境质量现状调查由检查员在现场检查时同步完成。经调查确认，产地环境质量符合《绿色食品产地环境质量现状调查技术规范（试行）》规定的免测条件，免做环境监测。根据《绿色食品产地环境质量现状调查技术规范（试行）》的有关规定，经调查确认，必要进行环境监测的，省绿办自收到调查报告2个工作日内以书面形式通知绿色食品定点环境监测机构进行环境监测，同时将通知单抄送中心认证处。定点环境监测机构收到通知单后，40个工作日内出具环境监测报告，连同填写的《绿色食品环境监测情况表》直接报送中心认证处，同时抄送省绿办。

5）产品检测

绿色食品定点产品监测机构自收到样品、产品执行标准、《绿色食品产品抽样单》、检测费后，20个工作日内完成检测工作，出具产品检测报告，连同填写的《绿色食品产品检测情况表》报送中心认证处，同时抄送省绿办。

6）认证审核

省绿办收到检查员现场检查评估报告和环境质量现状调查报告后，3个工作日内签署审查意见，并将认证申请材料、检查员现场检查评估报告、环境质量现状调查报告及《省绿办绿色食品认证情况表》等材料报送中心认证处。中心认证处收到省绿办报送材料、环境监测报告、产品检测报告及申请人直接寄送的《申请绿色食品认证基本情况调查表》后，进行登记、编号，在确认收到最后一份材料后2个工作日内下发受理通知书，书面通知申请人，并抄送省绿办。中心认证处组织审查人员及有关专家对上述材料进行审核，20个工作日内作出审核结论。审核结论为"有疑问，需现场检查"的，中心认证处在2个工作日内完成现场检查计划，书面通知申请人，并抄送省绿办。得到申请人确认后，5个工作日内派检查员再次进行现场检查。审核结论为"材料不完整或需要补充说明"的，中心认证处向申请人发送《绿色食品认证审核通知单》，同时抄送省绿办。申请人需在20个工作日内将补充材料报送中心认证处，并抄送省绿办。审核结论为"合格"或"不合格"的，中心认证处将认证材料、认证审核意见报送绿色食品评审委员会。

7）认证评审

绿色食品评审委员会自收到认证材料、认证处审核意见后 10 个工作日内进行全面评审，并作出认证终审结论。认证终审结论分为两种情况：①认证合格；②认证不合格。结论为"认证合格"，颁发证书。结论为"认证不合格"，评审委员会秘书处在作出终审结论 2 个工作日内，将《绿色食品认证结论通知单》发送申请人，并抄送省绿办。本生产周期不再受理其申请。

8）颁证

中心认证处在 5 个工作日内将办证的有关文件寄送"认证合格"的申请人，并抄送省绿办。申请人在 60 个工作日内与中心认证处签订《绿色食品标志商标使用许可合同》。中心认证处主任签发证书。

引导问题

有机食品在加工过程中如何进行有害生物防治？

_____

_____

（三）有机食品的认证管理

有机食品是指来自有机农业生产体系，根据有机农业生产要求和相应标准生产加工，并且通过合法的、独立的有机食品认证机构认证的农副产品及其加工品，包括粮食、蔬菜、食用菌、水果、乳制品、畜禽产品、蜂蜜、水产品和调味料等。有机食品的生产和加工，不允许使用农药、化肥、生长调节剂、抗生素和转基因技术等。

图 5-3　有机产品的通用标志

有机食品采用有机产品的通用标志（如图 5-3 所示），标志由三部分组成，即外围的圆形、中间的种子图形及周围的环形线条。标志外围的圆形似地球，象征和谐、安全；圆形中的"中国有机产品"字样为中英文结合方式；标志中间类似于种子的图形代表生命萌发之际的勃勃生机，象征了有机产品是从种子开始的全过程认证。种子图形周围圆润自如的线条象征环形道路，与种子图形合并构成汉字"中"，体现出有机产品植根中国，有机之路越走越宽广。

1. 有机食品标准体系

目前世界上不同地区和国家存在各种不同层次的有机食品标准，有国际标准、地区性标准、国家标准、行业标准、地方标准和企业标准（认证机构标准）。国际标准如联合国粮食及农业组织（Food and Agriculture Organization of the United Nations，FAO，简称"联合国粮农组织"）和世界卫生组织（World Health Organization，WHO，简称"世卫组织"）共同制定的《有机食品生产、加工、标志和销售指南》（CAC/GL 32—1999）；国际有机农业运动联合会（International Federal of Organic Agriculture Movement，IFOAM）制定的《有机生产和加工的基本标准》已在标准化组织 ISO 注册；地区标准如欧盟《关于有机农产品生产和标志的条例》（EU 2092 - 1991）；国家标准如美国有机标准（National Organic Program，NOP）、日本的《日本农业标准法》（Japanese Agriculture Standard，JAS）等。

我国的国家标准《有机产品 生产、加工、标志与管理体系要求》（GB/T 19630—2019）规定了有机产品的生产、加工、标志与管理体系的要求，适用于有机植物、动物和微生物产品的生产，有机食品、饲料和纺织品等的加工，有机产品的包装、贮藏、运输、标志和销售。有机食品的生产和加工要求如下。

1）有机食品生产的要求

申请认证的生产基地应是边界清晰、所有权和经营权明确的农业生产单元。由常规生产向有机生产发展需要经过转换，经过转换期后的产品才可作为有机产品销售。允许生产基地同时存在有机生产和常规生产，但生产基地经营者必须指定专人管理和经营用于有机生产的土地，且生产者必须采取有效措施区分非有机（包括常规和转换）地块上的和已获得认证的地块上的植物、动物，这些措施包括：分开收获、单独运输、分开加工、分开贮存和健全跟踪记录等。

不应在有机生产中引入或在有机产品上使用基因工程生物、转基因生物及其衍生物、植物生长调节剂、饲料、动物生长调节剂、兽药、渔药等农业投入品。同时存在有机和常规生产的生产单元，其常规生产部分也不应引入或使用基因工程生物。不应在有机生产中使用辐照技术。在栽培和/或养殖管理措施不足以维持土壤肥力和保证植物和养殖动物健康，需要使用生产单元外来投入品时，应使用符合《有机产品 生产、加工、标志与管理体系要求》（GB/T 19630—2019）列出的投入品，并按照规定的条件使用。不应使用化学合成的植物保护产品和肥料。

2）有机食品加工的要求

有机产品的加工在空间或时间上与常规产品的加工过程应分开。有机食品的加工过程应最大限度地保持产品的营养成分和（或）原有属性，主要使用有机配料，尽可能减少使用常规配料，有机食品的配料中有机料所占的质量或体积不应少于总量的95%。同一种配料不应同时含有有机和常规成分。食品加工中使用的食品添加剂、加工助剂、调味品、微生物制品及酶制剂和其他配料应符合《有机产品 生产、加工、标志与管理体系要求》（GB/T 19630—2019）的要求，不应使用来自转基因的配料、添加剂和加工助剂。

加工过程宜采用机械冷冻、加热、微波、烟熏等处理方法及微生物发酵工艺。采用提取、浓缩、沉淀和过滤工艺时，提取溶剂仅限于水、乙醇、动植物油、醋、二氧化碳、氮或羧酸，在提取和浓缩工艺中不应添加其他化学试剂。在加工和贮藏过程中不应采用辐照处理，不应使用石棉过滤材料或可能被有害物质渗透的过滤材料。

企业应通过对温度、相对湿度、光照、空气等环境因素的控制，防止有害生物的繁殖。可使用机械类、信息素类、气味类、黏着性的捕害工具、物理障碍、硅藻土、声光电器具等设施或材料防治有害生物。在加工或贮藏场所遭受有害生物严重侵袭的紧急情况下，宜使用中草药进行喷雾和熏蒸处理，不应使用硫磺熏蒸。

有机食品的包装宜使用由木、竹、植物茎叶和纸制成的包装材料。食品原料及产品应使用食品级包装材料。使用包装填充剂时，宜使用二氧化碳、氮气等物质，不应使用含有合成杀菌剂、防腐剂和熏蒸剂的包装材料，不应使用接触过禁用物质的包装袋或容器盛装有机产品及其原料。

有机产品及其包装材料配料等应单独存放。若不得不与常规产品及其包装材料、配料等共同存放，应在仓库内划出特定区域，并采取必要的措施确保有机产品不与其他产品及其包装材料、配料等混放。有机产品在运输过程中应避免与常规产品混杂或受到污染。

除国家标准《有机产品 生产、加工、标志与管理体系要求》（GB/T 19630—2019）外，有机食品标准还包括行业标准如《有机食品 水稻生产技术规程》（NY/T 1733—2009）、地方标准如《有机食品 生姜生产技术规程》（DB36/T 522—2018）、团体标准如《有机食品 鸡蛋》（T/XCOAIA 9—2018）等一系列标准。我国部分有机食品标准见表5－9。

表5－9 我国部分有机食品标准

序号	标准编号	标准名称
1	DB65/T 3762—2015	有机产品 日光温室春萝卜生产技术规程
2	DB22/T 1195—2011	有机产品 蓝莓生产技术规程
3	DB45/T 1019—2014	有机产品 火龙果生产技术规程
4	DB65/T 3220—2011	有机食品 枣种植环境及条件
5	DB65/T 2681—2006	有机食品 羊肉生产标准体系总则
6	DB45/T 761—2011	有机食品 茄果类蔬菜产地环境条件
7	T/XCOAIA 10—2018	有机食品 鲫鱼
8	T/LWB 013—2019	有机食品 鲍家芹菜生产技术规程
9	T/HZXH 01—2020	有机产品 且末红枣标准体系总则
10	T/YNBX 026—2020	有机食品 元谋蔬菜生产技术规程

2. 有机食品的认证程序

有机食品的认证机构（认证中心），由国家认证认可监督管理委员会审批，并获得国家认证认可监督管理委员会授权的认可机构的资格认可后，方可从事有机食品的认证活动。

1）有机产品认证条件

（1）基本要求。企业应取得相关法律法规规定的行政许可（适用时），其生产、加工或经营的产品应符合相关法律法规、标准及规范的要求，并应拥有产品的所有权。产品的所有权是指认证委托人对产品有占有、使用、收益和处置的权利。企业在5年内未因以下情形被撤销有机产品认证证书：①提供虚假信息；②使用禁用物质；③超范围使用有机认证标志；④出现产品质量安全重大事故。

（2）产品要求。申请认证的产品应在国家认证认可监督管理委员会公布的《有机产品认证目录》内。枸杞产品还应符合《有机枸杞认证补充要求（试行）》要求。

（3）管理体系要求。企业建立并实施了有机产品生产、加工和经营管理体系，并有效运行3个月以上。管理体系所要求的文件应是最新有效的，应确保在使用时可获得适用文件的有效版本，文件应包括：生产单元或加工、经营等场所的位置图；管理手册；操作规程和系统记录。

企业应按比例绘制生产单元或加工、经营等场所的位置图，至少标明以下内容：种植区域的地块分布；野生采集区域、水产养殖区域、蜂场及蜂箱的分布；畜禽养殖场及其牧草场、自由活动区、自由放牧区、粪便处理场所的分布；加工、经营区的分布；河流、水井和其他水源；相邻土地及边界土地的利用情况；畜禽检疫隔离区域；加工、包装车间、仓库及相关设备的分布；生产单元内能够表明该单元特征的主要标示物。

企业应编制和保持管理手册，该手册至少应包括以下内容：有机产品生产、加工、经营者的简介；有机产品生产、加工、经营者的管理方针和目标；管理组织机构图及其相关岗位的责任和权限；有机标志的管理；可追溯体系与产品召回；内部检查；文件和记录管理；客户投诉的处理；持续改进体系。

企业应制定并实施操作规程，操作规程中至少应包括：作物种植、食用菌栽培、野生采集、畜禽养殖、水产养殖/捕捞、蜜蜂养殖、产品加工等技术规程；防止有机产品受禁用物质污染所采取的预防措施；防止有机产品与常规产品混杂所采取的措施（必要时）；植物产品、食用菌收获规程及收获、采集后运输、贮藏等环节的操作规程；动物产品的屠宰、捕捞、提取、运输及贮藏等环节的操作规程；加工产品的运输、贮藏等各道工序的操作规程；运输工具、机械设备及仓贮设施的维护、清洁规程；加工厂卫生管理与有害生物控制规程；标签及生产批号的管理规程；员工福利和劳动保护规程。

有机产品生产、加工、经营者应建立并保持记录。记录应清晰准确，为有机生产、有机加工、经营活动提供有效证据。

（4）管理和技术人员要求。企业应具备与其规模和技术相适应的资源。应配备有机生产、加工、经营的管理者并具备以下条件：本单位的主要负责人之一；了解国家相关的法律、法规及相关要求；了解 GB/T 19630—2019 标准要求；具备农业生产和/或加工、经营的技术知识或经验；熟悉本单位的管理体系及生产和/或加工、经营过程。应配备内部检查员并具备以下条件：了解国家相关的法律、法规及相关要求；相对独立于被检查对象；熟悉并掌握 GB/T 19630—2019 标准的要求；具备农业生产和/或加工、经营的技术知识或经验；熟悉本单位的管理体系及生产和/或加工、经营过程。

（5）内部检查要求。应建立内部检查制度，以保证管理体系及有机生产、有机加工过程符合 GB/T 19630—2019 的要求。内部检查应由内部检查员来承担，每年至少进行一次内部检查。内部检查员的职责是：按照 GB/T 19630—2019 对本企业的管理体系进行检查，并对违反该标准的内容提出修改意见；按照该标准的要求，对本企业生产、加工过程实施内部检查，并形成记录；配合有机产品认证机构的检查和认证。

（6）可追溯体系与产品召回要求。有机生产、加工、经营者应建立完善的可追溯体系，保持可追溯的生产全过程的详细记录（如地块图、农事活动记录、加工记录、仓储记录、出入库记录、销售记录等），以及可跟踪的生产批号系统。

有机生产、加工、经营者应建立和保持有效的产品召回制度，包括产品召回的条件、召回产品的处理、采取的纠正措施、产品召回的演练等，并保留产品召回过程中的全部记录，包括召回、通知、补救、原因、处理等。

（7）投诉和持续改进要求。有机生产、加工、经营者应建立和保持有效的处理客户投诉的程序，并保留投诉处理全过程的记录，包括投诉的接受、登记、确认、调查、跟踪、反馈。

有机生产、加工、经营者应持续改进其管理体系的有效性，促进有机生产、加工和经营的健康发展，以消除不符合或潜在不符合有机生产、有机加工和经营的因素。有机生产、加工和经营者应做到：确定不符合的原因；评价确保不符合不再发生的措施的需求；确定和实施所需的措施；记录所采取措施的结果；评审所采取的纠正或预防措施。

2）申请者须提交的材料

申请有机食品认证的单位或者个人，应当向认证机构提交书面申请，根据《有机产品认证实施规则》的规定，书面申请应当包括以下内容：①申请者的合法经营资质文件，如营业执照、土地使用证、租赁合同等；②申请者及有机生产、加工的基本情况，如申请者名称、地址和联系方式，生产、加工规模，包括品种、面积、产量、加工量等描述；③产地（基地）区域范围，包括地理位置图、地块分布图、地块图；④申请认证的有机产品生产、加工、销售计划；⑤产地（基地）、加工场所有关环境质量的证明材料；⑥有关专业技术和管理人员的资质证明材料；⑦保证执行有机产品标准的声明；⑧有机生产、加工的质量管理体系文件；⑨其他相关材料。

3）有机食品的认证程序

（1）申请。申请者向中国有机认证中心（分中心）提出正式申请，填写申请表和缴纳申请费。申请者填写有机食品认证申请书，领取检查合同、有机食品认证调查表、有机食品认证的基本要求、有机认证书面资料清单、申请者承诺书等文件。申请者按《有机食品认证技术准则》要求建立质量管理体系、生产过程控制体系、追踪体系。

（2）认证中心核定费用预算并制定初步的检查计划。认证中心根据申请者提供的项目情况，估算检查时间，一般需要2次检查：生产过程一次，加工一次，并据此估算认证费用和制定初步检查计划。然后申请者与认证中心签订认证检查合同，一式3份；交纳估算认证费用的50%；填写有关情况调查表并准备相关材料；指定内部检查员（生产、加工各1人）；所有材料均使用文件、电子文档各一份，邮寄或E-mail给分中心。

（3）初审。分中心对申请者材料进行初审；对申请者进行综合审查；分中心将初审意见反馈给认证中心；分中心将申请者提交的电子文档E-mail至认证中心。

（4）实地检查评估。认证中心在确认申请者缴纳颁证所需的各项费用后，派出经认证中心认可的检查员。检查员从分中心取得申请者相关资料，依据《有机食品认证技术准则》，对申请者的质量管理体系、生产过程控制体系、追踪体系，以及产地、生产、加工、仓储、运输、贸易等进行实地检查评估，必要时需对土壤、产品取样检测。

检查员完成检查后，按认证中心要求编写检查报告并在检查完成2周内将该报告文档、电子文本提交认证中心，分中心将申请者文本资料提交认证中心。

（5）综合审查评估意见。认证中心根据申请者提供的调查表、相关材料和检查员的检查报告进行综合审查评估，编制颁证评估表，提出评估意见提交颁证委员会审议。

（6）颁证委员会决议。颁证委员会定期召开颁证委员会工作会议，对申请者的基本情况调查表、检查员的检查报告和认证中心的评估意见等材料进行全面审查，作出是否颁发有机证书的决定。

同意颁证：申请内容完全符合有机食品标准，颁发有机食品证书。

有条件颁证：申请内容基本符合有机食品标准，但某些方面尚需改进，在申请人书面承诺按要求进行改进以后，亦可颁发有机食品证书。

拒绝颁证：申请内容达不到有机食品标准要求，颁证委员会拒绝颁证，并说明理由。

有机转换领证：申请人的基地进入转换期1年以上，并继续实施有机转换计划，颁发有机食品转换证书。产品按"转换期有机食品"销售。

（7）颁发证书。根据颁证委员会决议，向符合条件的申请者颁发证书。申请者交纳认证费剩余部分，认证中心向获证申请者颁发证书。获有条件颁证申请者要按认证中心提出的意见进行改进并作出书面承诺。

引导问题

地理标志产品和农产品地理标志有何区别？

_____

_____

（四）地理标志产品的认证管理

1. 地理标志产品的认证

地理标志产品是指产自特定地域，所具有的质量、声誉或其他特性本质上取决于该产地的自然因素和人文因素，经审核批准以地理名称进行命名的产品。地理标志专用标志如图5-4所示。

地理标志产品包括来自本地区的种植、养殖产品和原材料全部来自本地区或部分来自其他地区，并在本地区按照特定工艺生产和加工的产品。以下产品可以经申请批准为地理标志产品：①在特定地域种植、养殖的产品，决定该产品特殊品质、特色和声誉的主要是当地的自然因素；②在产品产地采用特定工艺生产加工，原材料全部来自产

图5-4 地理标志
专用标志

品产地，当地的自然环境和生产该产品所采用的特定工艺中的人文因素决定了该产品的特殊品质、特色质量和声誉；③在产品产地采用特定工艺生产加工，原材料部分来自其他地区，该产品产地的自然环境和生产该产品所采用的特定工艺中的人文因素决定了该产品的特殊品质、特色质量和声誉。我国部分地理标志产品标准见表5-10。

表5-10 我国部分地理标志产品标准

序号	标准编号	标准名称
1	GB/T 22111—2008	地理标志产品 普洱茶
2	GB/T 19266—2008	地理标志产品 五常大米
3	GB/T 19050—2008	地理标志产品 高邮咸鸭蛋
4	GB/T 19696—2008	地理标志产品 平阴玫瑰
5	GB/T 19858—2005	地理标志产品 涪陵榨菜

序号	标准编号	标准名称
6	DB21/T 2865—2017	地理标志产品　大连海参
7	DB32/T 3184—2017	地理标志产品　盐城海盐
8	DB43/T 439—2019	地理标志产品　湘莲
9	DB36/T 712—2018	地理标志产品　靖安白茶
10	DB4418/T 014—2020	地理标志产品　东陂腊味
11	T/QHD 013—2020	地理标志产品　山海关大樱桃
12	T/CQBSNS 2—2020	地理标志产品　璧山儿菜

为加强我国地理标志保护，统一和规范地理标志专用标志使用，2020年国家知识产权局发布了《地理标志专用标志使用管理办法（试行）》。本办法所称的地理标志专用标志，是指适用在按照相关标准、管理规范或者使用管理规则组织生产的地理标志产品上的官方标志。办法规定，国家知识产权局负责统一制定发布地理标志专用标志使用管理要求，组织实施地理标志专用标志使用监督管理。地方知识产权管理部门负责地理标志专用标志使用的日常监管。

地理标志专用标志的合法使用人包括下列主体：①经公告核准使用地理标志产品专用标志的生产者；②经公告地理标志已作为集体商标注册的注册人的集体成员；③经公告备案的已作为证明商标注册的地理标志的被许可人；④经国家知识产权局登记备案的其他使用人。

地理标志保护产品和作为集体商标、证明商标注册的地理标志使用地理标志专用标志的，应在地理标志专用标志的指定位置标注统一社会信用代码。国外地理标志保护产品使用地理标志专用标志的，应在地理标志专用标志的指定位置标注经销商统一社会信用代码。地理标志保护产品使用地理标志专用标志的，应同时使用地理标志专用标志和地理标志名称，并在产品标签或包装物上标注所执行的地理标志标准代号或批准公告号。作为集体商标、证明商标注册的地理标志使用地理标志专用标志的，应同时使用地理标志专用标志和该集体商标或证明商标，并加注商标注册号。

2. 农产品地理标志的认证管理

农产品地理标志是指农产品来源于特定地域，产品品质和相关特征主要取决于自然生态环境和历史人文因素，并以地域名称冠名的特有农产品标志。

农产品地理标志如图5-5所示，标志图案由中华人民共和国农业部中英文字样、农产品地理标志中英文字样、麦穗、地球、日月等元素构成。公共标志的核心元素为麦穗、地球、日月相互辉映，体现了农业、自然、国际化的内涵。标志的颜色由绿色和橙色组成，绿色象征农业和环保，橙色寓意丰收和成熟。

图5-5　农产品地理标志

1）产品受理范围

根据《农产品地理标志登记审查准则》，申请登记产品应当是源于农业的初级产品，并属于《农产品地理标志登记保护目录》所涵盖的产品。没有纳入登记保护目录的，不予受理。《农产品地理标志登记审查准则》附件《农产品地理标志登记保护目录》主要包括蔬菜、果品、粮食、食用菌、油料、糖料、茶叶、香料、药材、花卉、烟草、棉麻、桑蚕、热带作物、其他植物、肉类产品、蛋类产品、乳制品、蜂类产品、其他畜牧产品、水产动物、水生植物、水产初级加工品等覆盖种植业、畜牧业、渔业3大行业22个小类。产品受理范围不局限于食用农产品，药材、花卉、烟草、棉麻蚕桑和产品品质和特性必须主要取决于特定的农业生态环境、农耕人文历史、种植、养殖等农业活动，自然性状和化学性质未有明显改变的初加工农产品也可申报。

2）产品受理条件

《农产品地理标志管理办法》规定，申请地理标志登记的农产品应当符合下列条件：①产品名称由地理区域名称和农产品通用名称构成；②产品有独特的品质特性或者特定的生产方式；③产品品质和特色主要取决于独特的自然生态环境和人文历史因素；④产品有限定的生产区域范围；⑤产地环境、产品质量符合国家强制性技术规范要求。

（1）产品名称。农产品地理标志产品名称应遵循客观性原则，由以下3种形式命名：①由特定结构组成。由地理区域名称和农产品通用名称组合构成。②历史沿袭形成。农产品地理标志产品名称属于历史沿袭和传承名称，尊重历史称谓和俗称，申报登记时不应人为加以调整或臆造。③自然固化品种。农产品地理标志产品名称所包含的种植、养殖品种尊重现实生产实际，不应人为添加或删减，生产过程中所涉及的品种，统一在农产品地理标志质量控制技术规范中予以明确和固定。具体要求遵照《农产品地理标志产品名称审查规范》的规定。

（2）独特的品种特性。农产品地理标志通常与特定品种有关，但不是说农产品地理标志必须要有特定品种，或者有特定品种就一定能形成农产品地理标志，还要看该品种在当地独特自然条件、人文发展过程中形成的独特品质和特定消费市场。

（3）独特的生产方式。特定的生产方式包括有产前、产中、产后、储运、包装、销售等环节。如产地要求、品种范围、生产控制、产后处理等相关特殊性要求。

（4）独特的产品品质。在特定的品种和生产方式基础上，各个地区又在得天独厚的自然生态环境条件下，培育出各地的名特农产品。这些名特农产品都以其优良品质、丰富的营养和特殊风味而著称。农产品地理标志独特的产品品质包括外在感官特征和内在品质指标两方面特征。

外在感官特征指通过人的感官能够感知、感受到的特殊品质及风味特征，如色泽、形态、气味、质量、硬度、厚度等。内在品质指标指需要通过仪器检测的可量化的独特理化指标，如淀粉、蛋白质、功能性成分等特征指标，但相对是否有特色，通常需要和本地区、本类别或是行业内具有普遍认可的标准物进行比较得出。

（5）独特的自然生态环境。独特的自然生态环境指影响登记产品品质特色形成和保持的独特产地环境因子，如独特的光照、温湿度、降水、水质、地形地貌、土质、生物链等自然生态环境是物种成型的前提和关键。万物都是环境的产物，生态环境质量不同，物种自然会存在差异。农产品地理标志正是立足于自然生态环境对农产品的特定影响，将这种自然和产品的关联度以制度和法律的形式保护起来。

（6）独特的人文历史。农产品地理标志不是短时间能形成的，而是由于特定的人文历史因素，多年来不断发展传承而成。人文历史因素包括产品形成的历史、人文推动因素、独特的文化底蕴等内容，可以是一诗、一文、一歌、一赋、一成语、一传说等。农产品地理标志既有有形的、可量化的品质标准，也有一种感觉上的、微妙的、不可言喻的享受，这种享受既是物质的，也是精神的，是特定的人文历史、精神文化的物质载体。

需要说明的是上述6个方面特色，并不是每个农产品地理标志必须全都具备，但至少要具备其中的1项或几项。

二、质量管理与食品安全管理体系

引导问题

依据《质量管理体系 要求》（ISO 9001：2015），指出以下案例不符合该标准的哪条条款，进行原因分析并提出改进意见。

在车间杀菌工段，工艺规程规定：每5 min监控一次杀菌温度，温度控制在83~85℃。审核员抽查1个月的3份记录，发现其中一份"杀菌监控温度记录"（编号：JL-056）日期：2020年3月16日，监控的时间间隔是15 min，而温度控制"14 h"为84℃，"14 h 15 min"为80℃。

（一）质量管理体系

1. 质量管理体系简介

国际标准化组织（ISO）于1987年发布了ISO 9000《质量管理和质量保证标准-选择和使用指南》、ISO 9001《质量体系-设计开发、生产、安装和服务的质量保证模式》等6项标准，这是ISO 9001第一版的推出。国际标准化组织（ISO）分别于1994年、2000年、2008年和2015年修订了ISO 9000系列标准。2015年9月15日正式颁布了第五版即2015版的ISO 9000系列标准，2015版的标准为目前现行有效的质量管理体系实施标准。

我国最早的质量管理体系标准是由原国家技术监督局于2000年颁布的GB/T 19000族等同采用2000版的ISO 9000系列标准，2008年和2016年修订发布了GB/T 19000族等同采用的ISO 9000系列标准。GB/T 19001—2016标准为目前我国企业建立实施运行及质量管理体系认证的依据。

2. 质量管理体系的核心要素

1）质量管理原则

（1）以顾客为关注焦点。质量管理的首要关注点是满足顾客要 七项质量管理原则
求并努力超越顾客期望。组织只有赢得和保持顾客和其他相关方的信任才能获得持续成功。与顾客相关的每个方面都为顾客提供了创造更多价值的机会。理解顾客和其他相关方

当前和未来的需求，有助于组织的持续成功。

企业可开展的活动包括以下几方面：识别从组织获得价值的直接顾客和间接顾客；理解顾客当前和未来的需求和期望；将组织的目标与顾客的需求和期望联系起来；在整个组织内沟通顾客的需求和期望；为满足顾客的需求和期望，对产品和服务进行策划、设计开发、生产、交付和支持；测量和监视顾客的满意情况，并采取适当的措施；对可能影响顾客满意度相关方的需求和适宜的期望，应确定并采取措施；主动管理与顾客的关系，以实现持续成功。

（2）发挥领导的作用。最高管理者要带领各级领导建立统一的宗旨和方向，并创造全员积极参与实现组织的质量目标的条件。统一的宗旨和方向的建立，以及全员的积极参与，能够使组织将战略、方针、过程和资源协调一致，以实现其目标。

管理者在企业可开展的活动包括以下几方面：在整个组织内就其使命、愿景、战略、方针和过程进行沟通；在组织的所有层级创建并保持共同的价值观及公平和道德的行为模式；培育诚信和正直的文化；鼓励在整个组织范围内履行对质量的承诺；确保各级领导者成为组织中的榜样；为员工提供履行职责所需的资源、培训和权限；激发、鼓励和表彰员工的贡献。

（3）全员积极参与。整个组织内各级胜任、经授权并积极参与的人员，是提高组织创造力和提供价值能力的必要条件。为了有效和高效地管理组织，各级人员得到尊重并参与其中是极其重要的。通过表彰、授权和提高能力，促进在实现组织的质量目标过程中的全员积极参与。

企业可开展的活动包括以下几方面：与员工沟通，增强他们对个人贡献重要性的认识；促进整个组织内部的协作；提倡公开讨论、分享知识和经验；让员工确定影响执行力的制约因素，并且毫无顾虑地主动参与；赞赏和表彰员工的贡献、学识和进步；针对个人目标进行绩效的自我评价；进行调查以评估人员的满意程度，沟通结果并采取适当的措施。

（4）过程方法。将活动作为相互关联、功能连贯的过程组成体系来理解和管理时，可更加有效和高效地得到一致的、可预知的结果。质量管理体系是由相互关联的过程所组成的。理解体系是如何产生结果的，能够使组织尽可能地完善其体系并优化其绩效。

企业可开展的活动包括以下几方面：确定体系的目标和实现这些目标所需的过程；为管理过程确定职责、权限和义务；了解组织的能力，预先确定资源约束条件；确定过程相互依赖的关系，分析个别过程的变更对整个体系的影响；将过程及其相互关系作为一个体系进行管理，有效和高效地实现组织的质量目标；确保获得必要的信息，运行和改进过程并监视、分析和评价整个体系的绩效；管理可能影响过程输出和质量管理体系整体结果的风险。

（5）持续改进。成功的组织应持续关注改进。改进对于组织保持当前的绩效水平，对其内、外部条件的变化作出反应，并创造新的机会，都是非常必要的。

企业可开展的活动包括以下几方面：在组织的所有层级建立改进目标；对各层级人员进行教育和培训，使其懂得如何应用基本工具和方法实现改进目标；确保员工有能力成功地促进和完成改进项目；开发和展开过程，以在整个组织内实施改进项目；跟踪、评审和审核改进项目的策划、实施、完成和结果；将改进与新的或变更的产品、服务和过程的开发结合在一起予以考虑；赞赏和表彰改进。

（6）循证决策。基于数据和信息的分析和评价的决策，更有可能产生期望的结果。决策是一个复杂的过程，并且总是包含某些不确定性。它经常涉及多种类型和来源的输入及其理解，而这些理解可能是主观的，重要的是理解因果关系和潜在的非预期后果。对事实证据和数据的分析可导致决策更加客观、可信。

企业可开展的活动包括以下几个方面：确定、测量和监视关键指标，以证实组织的绩效；使相关人员能够获得所需的全部数据；确保数据和信息足够准确、可靠和安全；使用适宜的方法对数据和信息进行分析和评价；确保人员有能力分析和评价所需的数据；权衡经验和直觉，基于证据进行决策并采取措施。

（7）关系管理。相关方能够影响组织的绩效，为了持续成功，组织需要管理与相关方（如供方）的关系。当组织管理与所有相关方的关系，以尽可能有效地发挥其在组织绩效方面的作用时，持续成功更有可能实现，对供方及合作伙伴网络的关系管理是尤为重要的。

企业可开展的活动包括以下几个方面：确定相关方（如供方合作伙伴、顾客、投资者、雇员或整个社会）及其与组织的关系；确定和排序需要管理的相关方的关系；建立平衡短期利益与长期考虑的关系；与相关方共同收集和共享信息、专业知识和资源；适当时，测量绩效并向相关方报告，以增加改进的主动性；与供方、合作伙伴及相关方合作开展开发和改进活动；鼓励和表彰供方及合作伙伴的改进和成绩。

2）PDCA 循环管理

PDCA 循环反映了质量管理活动的规律。PDCA 循环是提高产品质量，改善企业生产经营管理的重要方法，是质量保证体系运转的基本方式。P（plan）表示策划；D（do）表示实施；C（check）表示检查；A（action）表示处置。

P 策划阶段：根据顾客的要求和组织的方针，建立体系的目标及其过程，确定实现结果所需的资源，并识别和应对风险和机遇。

D 实施阶段：执行所作的策划。

C 检查阶段：根据方针、目标、要求和所策划的活动，对过程及形成的产品和服务进行监视和测量（适用时），并报告结果。

A 处置阶段：必要时，采取措施提高绩效。

在质量管理中，对质量问题分析，通常采用以下的分析步骤：①分析现状；②找出问题的原因；③分析产生问题的原因；④找出其中的主要原因；⑤拟定措施计划；⑥执行技术组织措施计划；⑦把执行结果与预定目标对比；⑧巩固成绩，进行标准化。

3）基于风险的思维

基于风险的思维是实现质量管理体系有效性的基础。组织需要策划和实施应对风险和机遇的措施。应对风险和机遇，为提高质量管理体系有效性、获得改进结果及防止不利影响奠定基础。风险是不确定性的影响，不确定性可能有正面的影响，也可能有负面的影响。风险的正面影响可能提供机遇，但并非所有正面影响均可提供机遇。

3. 质量管理体系的要求

1) 资源要求

质量管理体系的要求

组织应确定并提供所需的资源，以建立、实施、保持和持续改进质量管理体系。组织应考虑现有内部资源的能力、局限及需要从外部供方获得的资源。

（1）人员与基础设施。组织应确定并配备所需的人员，以有效实施质量管理体系，并运行和控制其过程。组织应确定、提供并维护所需的基础设施，以运行生产等过程并获得合格产品和服务。基础设施包括建筑物和相关设施、设备（包括硬件和软件）、运输资源、信息和通信技术。

（2）过程运行环境。组织应确定、提供并维护所需的环境，以运行生产等过程并获得合格产品和服务。适宜的过程运行环境可以是人为因素与物理因素的结合，如社会因素（如非歧视、安定、非对抗）、心理因素（如减压、预防过度疲劳、稳定情绪）和物理因素（如温度、热量、湿度、照明、空气流通、卫生、噪声）。由于所提供的产品和服务不同，这些因素可能存在显著的差异。

（3）监视和测量资源。当利用监视或测量来验证产品和服务是否符合要求时，组织应确定并提供所需的资源，以确保结果有效和可靠。组织应确保所提供的资源适合所开展的监视和测量活动的特定类型并得到维护，以确保持续适合其用途。组织应保留适当的成文信息，作为监视和测量资源适合其用途的证据。

当要求测量溯源时，或组织认为测量溯源是信任测量结果有效的基础时，测量设备应对照能溯源到国际或国家标准的测量标准，按照规定的时间间隔或在使用前进行校准和（或）检定，当不存在上述标准时，应保留作为校准或验证依据的成文信息。组织应对测量设备予以识别和保护，以确定其状态良好，防止由于调整、损坏或衰减所导致的校准状态和随后的测量结果的失效。当发现测量设备不符合预期用途时，组织应确定以往测量结果的有效性是否受到不利影响，必要时应采取适当的措施。

（4）知识。组织的知识是组织特有的知识，通常从其经验中获得，是为实现组织目标所使用和共享的信息。组织应确定必要的知识，以获得合格的产品和服务。这些知识应予以保护，并能在所需的范围内得到。为应对不断变化的需求和发展趋势，组织应审视现有的知识，确定如何获取或接触更多必要的知识进行知识更新。组织的知识可基于内部来源和外部来源。内部来源如知识产权、从经验获得的知识、从失败和成功项目汲取的经验和教训、获取和分享未成文的知识和经验，以及过程、产品和服务的改进结果；外部来源如标准学术交流、专业会议、从顾客或外部供方收集等。

（5）能力。组织应确定在其控制下工作的人员所需具备的能力，这些人员从事的工作影响质量管理体系绩效和有效性；必要时组织可采取适当的教育、培训或经验传授来确保这些人员是胜任的；组织也可采取重新分配工作或者聘用、外包胜任的人员等措施以获得所需的能力，并评价措施的有效性；组织应保留适当的成文信息，作为人员能力的证据。

2) 成文信息的要求

（1）成文信息的创建和更新。在创建和更新成文信息时，组织应确保适当的标志和说明（如标题、日期、作者索引编号）、形式（如语言、软件版本、图表）和载体（如纸质的、电子的）、评审和批准，以保持适宜性和充分性。

（2）成文信息的控制。组织应控制质量管理体系和成文信息，以确保在需要的场合和时机均可获得并适用；组织应确保成文信息予以妥善保护，防止泄密、不当使用或缺失。组织应对成文信息分发、访问、检索和使用、存贮和防护（包括保持可读性）、更改控制（如版本控制）、保留和处置。对于组织确定的策划和运行质量管理体系所必需的来自外部的成文信息，组织应进行适当识别并予以控制。对所保留的、作为符合性证据的成文信息应予以保护，防止非预期的更改。

3）外部提供的过程、产品和服务的控制

组织应确保外部提供的过程、产品和服务符合要求。组织应基于外部供方按照要求提供过程、产品和服务的能力，确定并实施对外部供方的评价、选择、绩效监视及再评价的准则。对于这些活动和由评价引发的任何必要的措施，组织应保留成文信息。

（1）控制类型和程度。组织应确保外部提供的过程、产品和服务不会对组织稳定地向顾客交付合格产品和服务的能力产生不利的影响。组织应确保外部提供的过程保持在其质量管理体系的控制之中，并规定对外部供方的产品和服务的控制准则；组织应考虑外部提供的过程、产品和服务对组织稳定地满足顾客要求和适用的法律法规要求的能力的潜在影响，以及由外部供方实施控制的有效性；确定必要的验证或其他活动，以确保外部提供的过程、产品和服务满足要求。

（2）提供给外部供方的信息。组织应确保在与外部供方沟通之前所确定的要求是充分的和适宜的。组织应使外部供方明确其需提供的过程、产品和服务；组织应提供给外部供方的信息包括产品和服务的内容及放行标准，加工方法、过程和设备，相关人员的资格与能力，对外部供方绩效的控制和监视程序等。

4）生产和服务提供的要求

（1）生产和服务提供的控制。组织应在受控条件下进行生产和提供服务。受控条件应包括以下几个方面：①可获得成文信息，以规定拟生产的产品、提供的服务或进行的活动的特性和拟获得的结果；②可获得和使用适宜的监视和测量资源；③在适当阶段实施监视和测量活动，以验证是否符合过程或输出的控制准则及产品和服务的接收准则；④为过程的运行使用适宜的基础设施，并保持适宜的环境；⑤配备胜任的人员，包括所要求的资格；⑥若输出结果不能由后续的监视或测量加以验证，应对生产和服务提供过程实现策划结果的能力进行确认，并定期再确认；⑦采取措施防止人为错误；⑧实施放行、交付和交付后的活动。

（2）标志和可追溯性。组织应根据需要采用适当的方法识别输出，以确保产品和服务合格。组织应在生产和服务提供的整个过程中按照监视和测量要求识别输出状态。当有可追溯要求时，组织应控制输出的唯一性标志，并应保留所需的成文信息以实现可追溯。

（3）防护。组织应在生产和服务提供期间对输出进行必要的防护，以确保符合要求。防护包括标志、处置、污染控制、包装、贮存、传输（或运输）及保护。

（4）产品和服务的放行。组织应在适当阶段实施策划的安排，以验证产品和服务的要求已得到满足。除非得到有关授权人员的批准，适用时得到顾客的批准，否则在策划的安排圆满完成之前，不应向顾客放行产品和交付服务。组织应保留有关产品和服务放行的成文信息。成文信息应包括符合接收准则的证据及可追溯授权放行人员的信息。

（5）不合格输出的控制。组织应确保对不符合要求的输出进行识别和控制，以防止非预期的使用或交付。组织应根据不合格的性质及其对产品和服务符合性的影响采取适当措施，这也适用于在产品交付之后，以及在服务提供期间或之后发现不合格产品和服务时。组织处置不合格输出的途径主要包括：纠正；隔离、限制、退货或暂停对产品和服务的提供；告知顾客；获得让步接收的授权。对不合格输出进行纠正之后应验证其是否符合要求。

组织应对不合格输出及所采取的措施、获得的让步进行描述并保留成文信息，组织还应对识别处置不合格的授权保留成文信息。

5）改进

组织应确定和选择改进机会，并采取必要措施以满足顾客要求和增强顾客满意。组织应围绕产品和服务及质量管理体系的绩效和有效性进行改进。改进可包括纠正、持续改进、突破性变革、创新和重组。

（1）不合格产品和纠正措施。当出现不合格产品时，包括来自投诉的不合格产品，组织应首先对不合格产品进行评审和分析，确定不合格的原因及是否存在或可能发生类似的不合格，然后实施所需的措施来控制和纠正不合格，并评审所采取的纠正措施的有效性。确有需要的情况下，组织可更新策划期间确定的风险和机遇，并变更质量管理体系。组织应对不合格的类别随后采取的纠正措施的结果保留成文信息。

（2）持续改进。组织应持续改进质量管理体系的适宜性、充分性和有效性。组织应考虑分析和评价的结果及管理评审的输出，以确定是否存在需求或机遇，这些需求或机遇应作为持续改进的一部分加以应对。

引导问题

查找《危害分析与关键控制点（HACCP）体系　乳制品生产企业要求》（GB 27342—2009），乳制品生产工艺的关键控制点有哪些？

_____

_____

（二）食品安全管理体系

1. GMP

1）GMP 简介

GMP 是英文 good manufacturing practice 的缩写，中文的翻译为

GMP 简介

"良好操作规范"，是一种特别注重在生产过程中实施对产品质量与卫生安全的自主性管理制度。GMP 要求企业从原料、人员、设施设备、生产过程、包装运输、质量控制等方面按国家有关法规标准达到卫生质量要求，形成一套可操作的作业规范，帮助改善企业卫生环境，及时发现生产过程中存在的问题，加以改善。简要地说，GMP 要求食品生产企业应具备良好的生产设备、合理的生产过程、完善的质量管理和严格的检测系统，确保最终产品的质量（包括食品安全卫生）符合法规标准要求。

2）GMP 的主要内容

我国 GMP 以《食品安全国家标准　食品生产通用卫生规范》（GB 14881—2013）为基础，主要包括以下内容。

（1）选址及厂区环境。选址是指选择适当的地理条件和环境条件，以期能长期保证食品生产的安全性，远离或防范潜在的污染源。厂区环境包括厂区周边环境和厂区内部环境。合适的厂区周边环境可以有效避免食品生产加工过程中的交叉污染。厂区内部环境是食品厂设计规划的重要组成部分，确保厂区环境符合食品厂生产经营需求，避免交叉污染，降低影响食品安全风险水平。

（2）厂房和车间。厂房和车间的布置是生产工艺设计的重要环节之一。不合理的厂房和车间布置会带来生产和管理问题，造成人流、物流紊乱，设备维护和检修不便等问题，同时也埋下了生产安全和食品质量的隐患。防止交叉污染，预防和降低产品受污染的风险。

（3）设施与设备。设施与设备涉及生产过程的各个直接或间接环节，其中设施包括：供、排水设施；清洁、消毒设施；废弃物存放设施；个人卫生设施；通风设施；照明设施；仓贮设施；温控设施。设备包括生产设备、监控设备。

（4）卫生管理。卫生管理包括卫生管理制度、厂房与设施、食品加工人员健康与卫生、虫害控制、废弃物处理及工作服等方面。卫生管理是食品生产企业食品安全与质量管理的核心内容，是向消费者提供安全和高质量产品的基本保障，卫生管理对提高食品生产企业的经营管理水平和企业竞争力至关重要，卫生管理从原辅料采购、进货、生产加工、保障，到成品贮存、运输，贯穿于整个食品生产经营的全过程。

（5）食品原料、食品添加剂和食品相关产品。食品原料、食品添加剂和食品相关产品的安全性是通过建立采购、验收、运输和贮存管理等制度并严格执行保证。因此，建立符合企业实际情况并易于良好执行原料、食品添加剂以及食品相关产品的采购、验收、运输和贮存等全过程管理制度，其内容应符合国家有关要求，能防止发生危害人体健康和生命安全的情况。

（6）生产过程的食品安全控制。生产过程中的食品危害有生物性危害、化学性危害及物理性危害，这些危害的来源包括原料本身污染、农药和兽药残留、空气及生产环境、工具设备污染、洗涤剂和消毒剂带入、人员带入（包括无意甚至蓄意破坏）、车间异物、维修时遗留、食品相关产品带入等。食品危害关键在于预防，而不是依赖于对最终产品的检验。因此，食品生产企业应建立对生产过程中可能造成的对消费者健康有潜在不良影响的生物、化学或物理因素信息进行收集和评估，确定生产过程可能造成的显著危害，建立关键控制点，并对其进行有计划的、连续的观察、测量等控制活动，以防止、消除食品安全危害或将其降低到可接受的水平，也是目前国家鼓励食品生产企业建立、实施 HACCP 管理体系的目的。

（7）检验。检验能够使企业及时了解产品质量控制上存在的问题，及时排查原因，采取改进措施。食品生产企业目前通过对采用的原辅料、终产品进行检验，以保证其符合相关法律法规、食品安全国家标准和推荐性标准等，检验项目包括感官指标、理化指标、微生物指标等。检验方式可以由企业自行检验，也可委托具有相应资质的食品检验机构进行检验。

（8）食品贮存和运输。食品贮存和运输的条件要与食品特性和卫生要求相一致，应有适宜的设备与设施；贮存运输食品应避开污染源。当贮存和运输的食品有温度湿度等环境需求时，应配备保温、冷藏等设施。应当与有毒有害会影响食品安全性、有异味可能影响食品质量的物品分开贮存和运输。

不安全食品的召回管理

（9）产品召回管理。食品生产企业应按照食品安全法及国家的相关规定建立召回制度。食品生产者发现其生产的食品不符合食品安全标准或会对人身健康造成危害时，应立即停止生产，召回已经上市销售的食品；及时通知相关生产经营者停止生产经营，通知消费者停止消费，记录召回和通知的情况；及时对不安全食品采取补救、无害化处理、销毁等措施。为保存食品召回的证据，食品生产企业应建立完善的记录和管理制度，准备记录并保存生产环节中的原辅料采购、生产加工、贮存、运输、销售等信息，保存消费者投诉信息档案。

（10）培训。不论企业采用何种管理体系或模式，都需要靠人去执行，因此对食品从业人员开展培训是极其重要的，食品生产企业需要培训的人员包括生产线员工、质量控制人员、原料采购人员等。其培训内容至少包括：食品安全法等法律法规、个人卫生要求和企业卫生管理制度、操作规程、食品加工过程卫生控制原理及技术要求等知识。

（11）管理制度和人员。食品安全管理制度是从原材料到食品生产、贮存等全过程的规范要求，包括规章制度和责任制度。制度的制定和实施取决于人的因素，企业应建立完整的食品安全管理团队和配备充足的专业人员，以确保各项管理制度落到实处。

（12）记录和文件管理。记录和文件管理是食品生产企业食品安全管理体系的重要组成部分，企业采购、加工、检验、贮存、销售等相关活动都应有相应记录。记录和文件应按照操作规程管理，内容应准确、清晰、便于追溯。

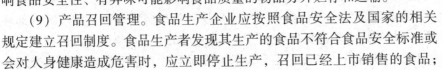

卫生标准操作程序（SSOP）的要求

2. SSOP

1）SSOP 简介

SSOP 是英文 Sanitation Standard Operating Procedures 的缩写，即"卫生标准操作程序"，是食品企业为了满足食品安全的要求，确保加工过程中消除不良的因素，使其加工的食品符合卫生要求而制定的，用于指导食品加工过程中如何实施清洗、消毒和卫生保持的卫生控制作业指导文件。

2）SSOP 的主要内容

（1）加工用水（冰）安全控制。生产用水（冰）的卫生质量是影响食品卫生的关键因素，因此对于食品生产加工，首要的一点就是要保证水（冰）的安全。要确保与食品接触或食品接触物表面的水（冰）的来源（如城市供水、地下水等）、水的处理应至少符合《生活饮用水卫生标准》（GB 5749—2022），有特殊工艺需要的用水，还需要满足高于 GB 5749—2022 的要求。

管理要点：①避免饮用水与非饮用水系统之间的交叉污染；②水管材质（制冰设备卫生、无毒、不生锈），设置防回流装置；③避免水管放在脏水或浸在洗涤槽里；④自供水源要有对水源的实验室分析报告（井水在投产前必须检测）；⑤冰的贮藏、运输、铲运，避免与地面接触；⑥井口应离地面一定高度，地面与保护性装置有一定的坡度，避免地表水进入，水源远离污染源；⑦不同水管道可以采用不同的颜色；⑧水的贮藏的卫生，如水塔、蓄水池、贮水罐等；⑨水处理方式，如沉淀、过滤、化学处理、离子交换等；⑩水的消毒处理，如加氯处理、臭氧处理、紫外线消毒，确保管网末端出水口余氯含量；⑪水质的日常监控内容和频率，水网络设施的维护保养。

（2）食品接触面的清洁卫生。食品接触面，通常是指可能接触食品的表面，包括接触食品的工作台面、工具、容器、包装材料等。保持食品接触表面的清洁、卫生和安全是为了防止污染食品。食品接触表面一般包括直接接触面和间接接触面。直接接触面是指与食品直接接触的加工设备、工器具和案台、加工人员的手或手套等。间接接触面指未直接与食品接触的车间门把手、传送带等。为避免食品接触表面对食品造成交叉污染，首先，与食品接触的设备材料必须为食品级材质，要耐腐蚀、光滑、易清洗、不生锈，设备的设计和安装应易于清洁，在加工前和加工后都应彻底清洁，并根据情况进行必要的消毒；其次，对工作服应集中清洗和消毒，与食品直接接触的工器具要及时清洁和消毒；最后，加强对清洁、消毒效果的检验，从而判定操作是否满足要求。

管理要点：①加工设备和工器具的条件状态适于卫生操作；②无毒、不吸水、抗腐蚀，不与清洁剂和消毒剂产生化学反应，表面光滑；③被适当地清洁和消毒；④使用被许可的消毒剂的类型，消毒浓度适当；⑤可能接触食品的手套和外衣清洁并且状况良好；⑥视觉检查和对消毒剂的化学检测相结合；⑦避免残留物、部件、螺钉或螺帽脱落；⑧建立适当的清洗消毒程序，包括清洗消毒的内容、人员、频率等；⑨用于清洗消毒工具自身的卫生。

（3）防止交叉污染及过敏原交叉接触。交叉污染是指通过食品工具、食品加工者或食品加工环境把生物或化学的污染物转移到食品的过程。当致病菌或病毒被转到即食食品上时，通常意味着导致食源性疾病的交叉污染的产生。交叉污染的来源：工厂选址、设计不合理；生产加工人员或参与加工的人员个人卫生不良；清洗消毒不恰当；原料、半成品、成品未隔离；工序前后有交叉。食品生产企业应通过加工、运输、贮存等防控措施，防止交叉污染。

关于过敏原的交叉接触，可能会对食用人群产生严重的过敏风险，所以需要严格地控制交叉污染可能造成的过敏原危害，必要时，需要在标签上增加过敏原警示标志。

管理要点：①人流、物流符合要求，不出现交叉；②预防员工不适当操作造成对食品的污染；③生、熟食品的隔离；④食品的运输、贮存；⑤对设备和设施的消毒避免二次污染；⑥员工的卫生规范。

（4）手部清洁、消毒和厕所设施的维持。确保清洁、消毒和厕所设施的正常运行是保证SSOP正常运行的关键工作。食品生产企业通常要保证相关设施的清洁状态；保证皂液盒内有充足的皂液；保证消毒槽内有充足的消毒液，且浓度不低于要求浓度。企业一般采取以下方式进行管理：卫生员每天生产前后检查所辖卫生区手部清洁、消毒及厕所设施卫生，保证其符合规定要求；卫生员在加工过程中定时检查消毒液浓度；车间维修人员每天检修车间包括卫生间的洗手、消毒设施；更衣室卫生员负责进入卫生间人员的管理。

管理要点：①清洗消毒设施的设置位置；②洗手消毒的程序；③使用的消毒液；④卫生设施的维护保养；⑤员工卫生意识的培训；⑥洗手消毒标志。

（5）防止润滑剂等外来污染对产品造成安全危害。外来污染是指食品表面或内部有任何有毒或有害物质；食品在不卫生的条件下进行加工处理、包装或贮存，有可能污染食品。外来污染物包括：润滑剂、燃料、杀虫剂、清洁剂、消毒剂、冷凝物、地板污物、不卫生的包装物料、设备维修废物、玻璃等。企业可以通过采用食品级润滑剂，不在加工区域使用杀虫剂，在非加工区域使用时保证不能污染产品，不使用灭鼠药，清洁剂和消毒剂原液需要专人、限量、限区域使用，并上锁保管，车间内不使用洁厕灵，车间外使用必须保证不能污染产品等措施来防止对产品造成安全危害。

管理要点：①除去不卫生表面的冷凝物；②调节空气流通和房间温度以减少凝结；③安装遮盖物防止冷凝物落在食品、包装材料或食品接触面上；④清扫地板，清除地面上的积水；⑤在有死水的周边地带，疏通行人和交通工具；⑥清洗因疏忽暴露于化学外部污染物的食品接触面；⑦在非产品区域操作有毒化合物时，设立遮盖物以保护产品；⑧测算由于不恰当使用有毒化合物所产生的影响，以评估食品是否被污染；⑨加强对员工的培训，纠正不正确的操作；⑩丢弃没有标签的化学品。

（6）有毒化合物的正确标记、贮藏和使用。食品生产企业有毒化合物通常指在生产车间内清洁剂（皂液）、消毒剂（次氯酸钠、乙醇等）、非生产区使用的洁厕灵、杀虫剂（氯氰菊酯），以及使用的化学药品、试剂等。有毒化合物正确标志化学药品的名称、浓度或产品说明；化验室化学药品标签上还应标注配制人、配制时间等。有毒化合物的正确贮藏：专人、专库、上锁管理；化学药品不得置于食品设备、工器具或包装材料上；化验室有毒有害化学药品存于有毒化学药品柜，上锁管理，仅限化验室内使用。企业应正确使用有毒化合物：生产车间内禁止使用杀虫剂、洁厕灵等危害食品安全的有毒化合物；卫生员在使用皂液、次氯酸钠原液、酒精原液后，应及时将剩余的化合物存入在化学药品柜中，并上锁管理。

管理要点：①选择法规允许的化学物质；②正确标志，以免误用；③正确贮存，如温度、时间等；④正确使用，如人员经过培训。

（7）员工和外来访客健康状况的控制。与食品直接或间接接触的员工必须持有有效的健康证明，并保持良好的健康状况。外来访客进入加工车间要填写健康声明。新员工上岗前必须经有资质机构体检合格；每年对全体员工做一次体检，必要时做临时检查，并由有资质机构颁发健康证。生产车间内发生员工生病情况要及时上报处理。

管理要点：①工厂对员工的健康体检要求；②每日员工健康状况检查；③工厂对员工建立健康防护措施。

（8）鼠害和虫害的控制。食品生产企业对鼠害和虫害控制方式分为两种，第一种是委托有资质的第三方公司定期到企业内进行鼠害和虫害的消杀管理，第二种是企业内部人员进行鼠害和虫害的消杀管理。总体控制的方向为：预防（预防侵入、防止滋生栖息）、监控设施管理（诱饵站、机械式捕鼠器、灭蝇灯及灭蝇粘纸）、消杀管理（消杀频率）、设备设施的标志、杀虫灭蝇药的管理。

管理要点：①检查可能存在虫害的区域；②环境卫生整洁，设施具有适当的防护，如对下水道铺设防护网；③去除虫害的滋生场所；④对虫害的驱除和杀灭；⑤采用与食品生产相适宜的虫害控制手段，如合理选择物理的或化学的方法进行灭鼠；⑥必要的硬件设施，如纱窗、灭蝇灯等。

3. HACCP 体系

1）HACCP 体系简介

HACCP（hazard analysis critical control point）又称为危害分析与关键控制点，是对可能发生在食品加工环节中的危害进行评估，进而采取控制的一种预防性的食品安全控制体系。有别于传统的质量控制方法，HACCP 是对原料、各生产工序中影响产品安全的各种因素进行分析，确定加工过程中的关键环节，建立并完善监控程序和监控标准，采取有效的纠正措施，将危害消除或降低到消费者可接受水平，以确保食品加工者能为消费者提供更安全的食品。

HACCP 体系实施的
预备步骤

2）HACCP 体系的实施步骤

（1）组建 HACCP 小组。HACCP 小组应由跨部门人员组成，其成员应包括负责质量管理、技术管理、生产管理、设备管理及其他相关职能人员。小组长应对食品法典 HACCP 原则有深入的了解，并能够证明具备相应的能力、经验，并经过了相关培训。小组成员应具备一定的 HACCP 知识及相关产品、流程及相关危害的识别能力。

（2）产品描述。应为每一种产品制定全面的产品描述，产品描述项目通常包括：产品名称；成分；与食品安全有关的生物、化学和物理特性；预期的保质期和贮存条件；包装；与食品安全有关的标志；分销方式。应收集、维护、记录和更新相关制定的证据，其证据不限于：最新科学文献；与特定食品相关的以往和已知危害性；相关的实践规范；公认的指导原则；与产品生产和销售相关的食品安全立法；客户要求等。

（3）确定产品预期用途和消费者或使用者。确定最终使用者或消费者怎样使用产品，如加热（但未充分煮熟）后食用；食用前需要或不需要蒸煮；生食或轻度蒸煮；食用前充分蒸煮；要进一步加工成"加热后即食"的成品。预期的消费者可能是所有公众或特殊人群，如婴幼儿、老人、过敏者等；预期的使用者可以是另外的加工者，他们将进一步加工产品。

（4）绘制工艺流程图。绘制工艺流程图的目的是提供对产品从原料收购到产品分销整个加工过程及其有关的配料流程步骤的清晰、简明的描述。

流程图是产品加工工序的图形表达形式，用方框和箭头线清晰、准确地表示各个加工步骤。流程图应覆盖加工过程的所有步骤，为危害分析提供流程依据。流程图表明了产品加工过程的起点、终点和中间各加工步骤，确定了进行危害分析和制定 HACCP 计划的范围，是建立和实施 HACCP 体系的基础。当企业生产多种产品时，如果不同产品的加工工序存在明显差别，应分别制定流程图，分别进行危害分析和制定 HACCP 计划。

（5）审核工艺流程图。HACCP 小组至少每年一次在动态生产情况下通过现场审核和自查验证工艺流程图的准确性，确保加工过程各项操作策划落实。应保留流程图的验证记录。

（6）进行危害分析。HACCP 小组应识别和记录有理由认为会与产品、加工和设施相关的每一个步骤（先后顺序）中发生的所有潜在危害，应包括原材料所存在的危害、加工期间和加工步骤执行期间所引入的危害，并考虑危害类型。例如，微生物、物理污

HACCP 体系实施中
危害分析的确定

染、化学和辐射污染、欺诈、蓄意污染产品、过敏原风险。

HACCP 小组应进行风险分析，以识别需要进行预防、消除或减少可接受水平的危害，以及考虑预防或消除食品安全危害或将其减少到可接受水平所需的控制措施。在通过现有前提方案实施控制情况下，应当对此作出说明，而且应对方案危害方面的充分性进行核实。

HACCP 体系实施中的
制定控制措施步骤

（7）确定关键控制点（CCP）。对每一种需要进行控制的危害，应对其控制点进行评审，可以通过判断树来识别关键控制点。关键控制点的危害应是显著性危害，需要通过预防或消除食品安全危害或将其减少到可接受水平。

（8）确定关键限值。应基于法规限量、科学文献、危害控制指南、试验结论、专家指导和危害控制原理确定 CL。有效、简捷、经济是确定 CL 的三项原则。有效是指在此限值内，显著危害能够被防止消除或降低到可接受水平；简捷是指简便快捷，易于操作，可在生产线不停顿的情况下快速监控；经济是指较少的人力、物力、财力的投入。

CL 的确定步骤包括：①确认在本 CCP 上要控制的显著危害与预防控制措施的对应关系；②分析明确每个预防控制措施针对相应显著危害的控制原理；③根据 CL 的确定原则和危害控制原理，分析确定 CL 的最佳种类和载体，可考虑的种类包括：温度、时间、厚度、纯度、pH、水分活度、体积等；④确定 CL 的数值。

工艺简单、操作简便的生产企业，可设立操作限值。针对每个 CL，适当选取更严格的数值作为操作限值。

（9）确定监控措施。应为每一个 CCP 建立监控规程，以确保符合关键限值。确定每个 CL 的监控对象；确定每个 CL 的监控方法；确定每个 CL 的监控频率；确定每个 CL 的监控人员。监控措施应能够监测 CCP 的失控，而且在任何可能情况下可以及时提供信息，以采取纠正措施。与每一个 CCP 的监测相关记录应包括日期、时间和测量结果，且有负责监控的人员及由经授权的人员签字并核准。

（10）建立纠偏措施。HACCP 小组应当制定当监测结果显示不能满足关键限值或存在失控倾向时要采取的纠正措施并将其编制成文，包括授权人员在对流程处于失控状态期间对所生产的任何产品所要采取的措施。

预先制定每个 CCP 偏离每个关键限值时的书面纠正措施，形成《纠正措施技术报告》，纳入 HACCP 支持文件。书面纠正措施的内容包括：①列出每个 CCP 对应的每个 CL；②查找偏离每个 CL 的原因的方法或途径；③纠正或消除偏离每个 CL 的原因的措施；④评估和处理在偏离每个 CL 期间生产的产品的措施，以确保进入市场的产品对公众健康无害或不会因偏离 CL 而产生掺假。

（11）建立验证规程。验证程序的正确制定和执行是 HACCP 计划成功实施的重要基础。验证时要复查整个 HACCP 体系及其记录档案。验证内容包括：①要求供货方提供产品合格证明；②检测仪器标准，并对仪器仪表校正的记录进行审查；③复查 HACCP 研究及其记录和有关文件；④审查 HACCP 内容体系及工作日记与记录；⑤复查偏差情况和产品处理情况；⑥CCP 记录及其控制是否正常检查；⑦对中间产品和最终产品的微生物检验；⑧评价所制定的目标限值和容差，检查不合格产品淘汰记录；⑨调查市场供应中与产品有关的意想不到的卫生和腐败问题；⑩复查消费者对产品的使用情况及反应记录。

验证报告内容主要包括：①HACCP计划表；②CCP直接监测资料；③监测仪器校正；④偏离与矫正措施；⑤CCP样品分析资料；⑥HACCP计划修正后的再确认包括各限值可靠性的证实；⑦控制点监测操作人员的培训。

对验证过程，食品企业可自行实施，也可委托第三方实施。验证以HACCP是否有效实施、体系是否符合法规规定为主要内容。重要的是验证的频率、手段和方法应可靠，可证实HACCP计划运行的有效性。

（12）HACCP文档和记录保存。完整准确的过程记录有助于及时发现问题和准确分析与解决问题，记录的内容包括：①表格名称、公司名称与地址；②原料的性质、来源和质量；③监控时间、日期；④完整的加工记录，包括存贮和发售记录；⑤清洁和消毒记录；⑥与产品安全有关的所有决定；⑦CCP监控过程限值、监控方法及偏差与纠偏记录档案；⑧HACCP方案修改、补充档案与审定报告；⑨产品型式、包装规格、流水线操作偏差和产品偏差；⑩操作者签名和检查日期，审核者签名和审核日期；⑪验证数据和复查数据，HACCP小组报告及总结。

思政案例

案例1 某公司生产不合格有机玉米糊案

2023年5月29日，洛阳市市场监管局收到国家食品安全监督抽样检验不合格报告，显示洛阳某有限公司生产的有机玉米糊菌落总数项目不符合《食品安全国家标准冲调谷物制品》（GB 19640—2016）要求，检验结论为不合格。

经查，当事人生产该批次有机玉米糊20件（每件12袋），销售数量18件共计216袋，上述有机玉米糊货值金额共计6 151.68元。当事人对上述有机玉米糊进行召回，召回数量206袋，实际销售数量10袋，实际销售金额317.2元。

依据食品安全法相关规定，8月2日，市市场监管局责令当事人立即改正上述违法行为，并作出没收违法所得317.2元、罚款5万元的行政处罚。

案例2 制售假冒"绿色食品"系列案

2022年7月，根据行政主管部门通报线索，上海市公安机关侦破制售假冒"绿色食品"系列案，抓获犯罪嫌疑人20名，现场查获假冒"绿色食品"商标标志30余万枚。经查，以犯罪嫌疑人邓某等为首的多个犯罪团伙未经中国绿色食品发展中心授权许可，委托龚某等人非法制造假冒的"绿色食品"商标标志，贴附在草莓、葡萄、大米等农产品外包装上假冒绿色食品高价对外销售。

该案是公安机关加强食用农产品领域知识产权刑事保护，严厉打击侵权假冒犯罪的典型案例。近年来，随着人民生活水平的提高和消费理念的转变，绿色食品越来越受到消费者青睐，一些不法商家为非法获利，将达不到相应质量等级的普通农产品假冒绿色食品对外高价销售，严重侵害绿色食品品牌权益和消费者权益。公安机关坚持以打促治，在加大对食用农产品假冒侵权违法犯罪打击力度的同时，积极推动行政主管部门完善绿色食品认证和行业监管，增强行业从业人员守法意识，提升消费者安全防范意识和识假辨假能力，共同促进食用农产品高质量发展。

实践训练

一、有机产品认证调查

完成有机产品加工的认证调查，填写表5-11。

表5-11　有机产品认证调查表（有机产品加工）

第一部分　基本情况		
1. 加工场所		
加工厂名称		
加工厂地址/邮编		
加工联系人	电话/手机	
加工厂面积（亩）	员工人数	
2. 生产组织模式		
2.1　加工厂性质： □国有　□私营　□股份公司　□其他，请描述：		
2.2　申请认证单位与加工场所的关系： □自有　□委托加工　□其他，请描述：		
2.3　产品类型 □食品加工　□饲料加工		
3. 加工场所环境		
围栏类型	围栏高度/m	
加工场所所处位置类型：□城区　□乡村　□食品工业园区　□其他		
加工场所周边是否存在污染源？□是　□否 如是，何种污染源：＿＿＿＿＿＿＿＿＿＿＿； 采取何种措施防止污染风险：＿＿＿＿＿＿＿＿＿＿		
加工场所是否符合所在国家及行业部门有关规定并具有相关资质？□是　□否		
4. 有机产品认证历史		
此前是否通过其他认证机构的有机认证？如是，哪家认证机构？证书有效期		
对于目前在证书有效期内的项目，原认证机构现场检查是否开具不符合项？如是，请描述不符合项及企业的整改措施		
此前是否被拒绝通过有机认证或被撤销过认证证书？如是，为哪家认证机构？被拒绝认证或撤销证书的原因		
其他补充说明的重要问题		

第二部分　加工配料

1. 加工配料概况

配料	名称	来源	有机/常规	是否涉及转基因
原料				
辅料（包括食品添加剂、加工助剂和营养强化剂等）				
加工用水	加工过程中是否涉及加工用水？□是　□否 水源：□市政供水　□公司水井　□其他：_____ 水在加工过程中的作用： □配料　□加工助剂　□蒸煮　□冷却　□运输产品　□清洁有机产品 □清洁设备　□其他用途：			
食用盐	是否使用食用盐？□是　□否 如是，是否符合《食品安全国家标准　食用盐》（GB 2721—2015）？□是 □否			

注：如原料品种较多，请另附表格；如食品添加剂、加工助剂和营养强化剂等品种较多，请另附表格。

2. 有机产品加工配料及出成率汇总表

成品名	配料（包括原料、添加剂、加工助剂有机加工中等所有投入物质）		出成率/%	成品量/t	有机物加工中配料占比（水、盐、加工助剂不计算在内）
	各配料名称	配料用量（如涉及冲顶加工，应扣除全年计划冲顶用配料量）			

第三部分　加工

1. 工艺流程及工艺条件

1.1　列出产品加工过程中所采用的处理方法及工艺：
□机械　□冷冻　□加热　□微波　□烟熏　□微生物发酵工艺
□提取　□浓缩　□沉淀　□过滤　□其他：

1.2　详述各申报产品的加工工艺流程图（体现所有涉及的加工环节，包括从原料验收至成品出库全过程）：

1.3　如果采用了提取工艺，请列出所使用的溶剂：□不涉及
□水　□乙醇　□动植物油　□醋　□二氧化碳　□氮　□羧酸　□其他：＿＿＿＿＿＿

1.4　如果采用了浓缩工艺，请列出浓缩方法：□不涉及
□蒸发浓缩　□真空浓缩　□冷冻浓缩　□其他：＿＿＿＿＿＿＿

1.5　加工过程中是否使用过滤材料？□是　□否
如是，请说明其材质：＿＿＿＿＿＿＿
该过滤材料是否可能被有害物质渗透？□是　□否　□不涉及

2. 卫生管理及有害生物防治

加工场所内常见的有害生物：
□鼠　□蚊蝇等昆虫　□小型动物　□鸟类　□其他：＿＿＿＿＿＿

采取何种管理措施来预防有害生物的发生？
□消除有害生物的孳生条件
□防止有害生物接触加工和处理设备
□通过对温度、相对湿度、光照、空气等环境因素的控制，防止有害生物的繁殖
□其他＿＿＿＿＿＿＿＿＿＿＿＿＿＿＿＿＿＿＿＿＿＿＿＿＿

使用何种设施或材料防治有害生物：□杀虫灯　□防虫网　□粘鼠板　□捕鼠笼
□挡鼠板　□温湿度控制　□中草药　□其他：＿＿＿＿＿＿＿＿＿＿

加工中是否使用消毒剂和清洁剂？□是　□否
如是，使用何种物质：□蒸汽　□其他：＿＿＿＿＿＿＿＿
加工场所及加工设备清洁及消毒使用的物质？＿＿＿＿＿＿＿＿＿＿＿

3. 污水排放和加工废弃物处理方法

第四部分　包装、贮藏、运输

1. 包装

原料所用包装材质是否为食品级？何种材质？	□是　□否　材质名称：＿＿＿＿＿
成品所用包装材质是否为食品级？何种材质？	□是　□否　材质名称：＿＿＿＿＿
是否使用包装填充剂？	□是　□否 如是，请列出：□二氧化碳　□氮 □其他：＿＿＿＿＿
包装物或容器是否接触过禁用物质？	□否　□是 如是，请描述物质名称：＿＿＿＿＿
包装物或容器是否单独存放？	□是　□否 如否，请描述隔离措施：＿＿＿＿＿

2. 贮藏与运输

仓库名称	仓库属性		贮藏能力/t
	自有仓库	外租仓库	

列出原料、半成品、成品贮藏方法	□常温 □气调 □温度控制 □干燥 □湿度 □其他:
运输工具	

3. 二次分装、分割

3.1 认证产品是否存在二次分装或分割？
□否 □是 如是，二次分装或分割场所地址：

3.2 二次分装分割过程中的设备是否同时用于处理非有机产品？□否 □是
如是，填写清洁或隔离措施：_____

第五部分 平行加工

1. 加工场所内平行加工情况

1.1 除了申请的产品外，同一加工场所是否还加工常规产品？
□否 □是 如是，请描述常规产品名称同时填写 1.2

1.2 请描述在原料运输及贮藏、加工、成品贮藏及运输各环节中避免混淆及污染采取的措施。
1.2.1 有机原料运输工具是否有机专用？
□是 □否 如否，描述避免混淆及污染的措施：_____
1.2.2 有机原料贮藏场所是否有机专用？
□是 □否 如否，描述避免混淆及污染的措施：_____
1.2.3 原料包材及成品包材贮藏场所是否有机专用？
□是 □否 如否，描述避免混淆及污染的措施：_____
1.2.4 加工设备是否有机专用？
□是 □否 如否，描述避免混淆及污染的措施：_____
1.2.5 成品贮藏场所是否有机专用？
□是 □否 如否，描述避免混淆及污染的措施：_____
1.2.6 成品运输工具是否有机专用？
□是 □否 如否，描述避免混淆及污染的措施：

第六部分 标志与销售

1. 标志 □不涉及

1.1 是否计划在获证产品或者产品的最小销售包装上加施有机认证标志、有机码？
□否 □是 如是，请选择加施的方式：□购买使用有机产品防伪标签 □申请自行印制

1.2 是否在申请认证的场所外加贴有机码？□否 □是 如是，加贴有机码场所地址：_____

1.3 商标

13.1 申报产品的产品描述是否包含自有商标信息？
□否
□是，请填写自有商标名称：
13.2 申报产品的包装上是否使用他人商标？
□否
□是，请填写他人商标名称：_____

2. 销售 □不涉及

在产品销售时采取何种措施保证有机产品的完整性和可追溯性：
□避免将有机产品与非有机产品混合
□避免将有机产品与禁用物质接触
□建立有机产品的购买、运输、贮存、出入库和销售等记录
□其他（请说明）：＿＿＿＿＿＿＿＿＿＿＿＿＿

第七部分 管理体系

1. 文件控制

1.1 提交的质量管理体系文件是否为最新有效版本？□是　□否
1.2 是否能确保在使用时可获得适用文件的有效版本？□是　□否
1.3 是否保存了有效的有机生产记录？□是　□否

2. 资源管理

姓名	职务	是否了解或熟悉国家有机标准要求	任职年限
	加工管理者	□不了解　□了解 □熟悉　□掌握	
	内部检查员	□不了解　□了解 □熟悉　□掌握	

二、HACCP 体系在复合果汁饮料生产中的应用

根据给出的工艺流程及条件，对桑果、西番莲复合饮料生产过程进行危害分析，找出关键控制点并填写危害分析工作单（表 5 - 12）。

1. 桑果、西番莲复合饮料工艺流程

桑果、西番莲复合饮料工艺流程如图 5 - 6 所示。

2. 工艺流程说明

（1）桑果、西番莲原汁验收：查验产地证明，按收购标准验收原料，不符合要求的原料拒收。

（2）糖酸辅料、复合稳定剂验收：选择合格供货商，供货商应提供辅料生产企业的卫生许可证、每批辅料检验合格证明，保证符合相应卫生标准。依照辅料验收标准验收合格后方可接收。

（3）称料调配：按配方称料调配，要求成品可溶性固形物含量不低于 6.5%，酸度为 0.25% ~ 1.4%。

（4）均质：要求均质机压力控制在 12 ~ 20 MPa。

（5）脱气：通过脱气罐排除饮料中的空气。

（6）UHT 灭菌：采用超高温瞬时杀菌，杀菌温度 130℃，杀菌时间 2 s，杀菌后迅速冷却至 88℃进行灌装。

（7）热灌装：灌装时物料温度不低于 83℃。

（8）封盖：封盖机进行封盖。

（9）倒瓶：封好盖的瓶装饮料倒瓶 15 s。

（10）冷却：冷却至室温。

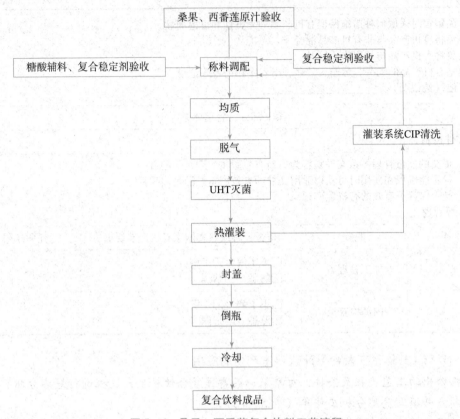

图 5 – 6　桑果、西番莲复合饮料工艺流程

表 5 – 12　复合果汁饮料危害分析工作单

加工步骤	食品安全危害	危害显著 （是/否）	判断依据	预防措施	关键控制点 （是/否）
桑果、西番莲 原汁验收	生物性：				
	化学性：				
	物理性：				
糖酸辅料、复 合稳定剂验收	生物性：				
	化学性：				
	物理性：				
称料调配	生物性：				
	化学性：				
	物理性：				
均质	生物性：				
	化学性：				
	物理性：				

加工步骤	食品安全危害	危害显著（是/否）	判断依据	预防措施	关键控制点（是/否）
脱气	生物性：				
	化学性：				
	物理性：				
UHT 灭菌	生物性：				
	化学性：				
	物理性：				
灌装系统 CIP 清洗	生物性：				
	化学性：				
	物理性：				
热灌装	生物性：				
	化学性：				
	物理性：				
封盖	生物性：				
	化学性：				
	物理性：				
倒瓶	生物性：				
	化学性：				
	物理性：				
冷却	生物性：				
	化学性：				
	物理性：				
成品	生物性：				
	化学性：				
	物理性：				

项目测试

判断题

1. 我国农业部组织实施的食品质量安全认证主要分为无公害食品认证、绿色食品认证和有机食品认证3类。（　　）

2. A 级绿色食品标志与字体为绿色，底色为白色；AA 级绿色食品标志与字体为白色，底色为绿色。（　　）

3. 绿色食品标准以全程质量控制为核心，主要包括绿色食品产地环境质量标准、生

产技术标准、产品标准、抽样与检验、包装、标签及贮藏、运输标准。　　　（　　）

4. 有机食品可以使用转基因原料及采用辐照处理。　　　　　　　　　（　　）

5. 我国的《有机产品　生产、加工、标志与管理体系要求》（GB/T 19630—2019），规定了有机产品的生产、加工、标志与管理体系的要求，适用于有机植物、动物和微生物产品的生产，有机食品、饲料和纺织品等的加工，有机产品的包装、贮藏、运输、标志和销售。　　　　　　　　　　　　　　　　　　　　　　　　　　　　　（　　）

6. 无公害农产品的土壤环境质量监测指标分基本指标和选测指标，其中基本指标为总汞、总砷、总铅、总铬4项，选测指标为总铜、总镍、邻苯二甲酸酯类总量3项。
　　　　　　　　　　　　　　　　　　　　　　　　　　　　　　　（　　）

7. 无公害农产品应建立农业投入品出入库记录，并保存1年。　　　　（　　）

8. AA级绿色食品生产可使用的兽药和渔药应执行《有机产品　生产、加工、标志与管理体系要求》（GB/T 19630—2019）的规定。　　　　　　　　　（　　）

9. 根据《农产品地理标志登记审查准则》，申请登记产品应当是源于农业的初级产品，并属《农产品地理标志登记保护目录》所涵盖的产品。　　　　　　　　（　　）

10. 国家市场监督管理总局负责统一制定发布地理标志专用标志使用管理要求组织实施地理标志专用标志使用监督管理。　　　　　　　　　　　　　　　　　（　　）

知识拓展

1.《无公害农产品　种植业产地环境条件》（NY/T 5010—2016）

2.《无公害农产品　生产质量安全控制技术规范　第1部分：通则》（NY/T 2798.1—2015）

3.《无公害农产品管理办法》

4.《绿色食品标志管理办法》

5.《绿色食品　农药使用准则》（NY/T 393—2020）

6.《绿色食品　兽药使用准则》（NY/T 472—2022）

7.《绿色食品　食品添加剂使用准则》（NY/T 392—2023）

8.《绿色食品　渔药使用准则》（NY/T 755—2022）

9.《有机产品　生产、加工、标志与管理体系要求》（GB/T 19630—2019）

10.《有机产品认证实施规则》（CNCA－N－009：2019）

11.《有机产品认证管理办法》

参 考 文 献

[1] 张冬梅. 食品法律法规与标准 [M]. 北京：科学出版社，2021.

[2] 张冬梅. 食品安全与质量控制技术 [M]. 北京：科学出版社，2021.

[3] 李宇，曹高峰. 食品合规管理职业技能教材（高级）[M]. 北京：化学工业出版社，2022.

[4] 邓毛程，汤高奇. 食品合规管理职业技能教材（中级）[M]. 北京：化学工业出版社，2022.

[5] 胡秋辉，王承明，石嘉怿. 食品标准与法规 [M]. 3 版. 北京：中国质检出版社，2020.

[6] 李冬霞，李莹. 食品标准与法规 [M]. 北京：化学工业出版社，2020.

[7] 钱志伟. 食品标准与法规 [M]. 3 版. 北京：中国农业出版社，2021.

[8] 钱和，庞月红，于瑞莲. 食品安全法律法规与标准 [M]. 2 版. 北京：化学工业出版社，2019.

[9] 吴澎，李宁阳，张淼. 食品法律法规与标准 [M]. 3 版. 北京：化学工业出版社，2021.

[10] 杨国伟，夏红. 食品质量管理 [M]. 2 版. 北京：化学工业出版社，2019.

[11] 苏来金，任国平. 食品安全与质量控制实训教程 [M]. 北京：北京师范大学出版社，2018.